大偵探
福爾摩斯
SHERLOCK

交通工具圖鑑

U0053572

BAKER STREET
貝格街 221B

SHERLOCK

匯識教育有限公司

目 錄
CONTENTS

❈ 巴 士 ❈

❈ 鐵 路 ❈

巴士
BUS

香港巴士

華生號要與愛麗絲號爭做最出色的巴士，以鬥快駛進總站來決一高下，福爾摩斯號告訴他們，巴士不是愈快愈出色的。

資料提供：新世界第一巴士服務有限公司及城巴有限公司

我一定比你快！

我才是最快。

巴士最重要是安全，也要有好設備才算出色。

巴士

鐵路

船

飛機

高科技巴士設備

看上去平平無奇的巴士車廂，不單配備高科技系統，還有不少花心思的設計，你平時有注意到嗎？

車長位的設備分佈

房鏡／中鏡

八達通系統

小檔案

受訪巴士：現役城巴巴士
行走路線：20、608
車廠：英國亞歷山大丹尼士
型號：Enviro500 MMC 12.8米
車隊編號：6443
面世年份：2017年
載客量：上層63座、下層31座、53個企位及2個輪椅位

✦✦ 房鏡及圓鏡 ✦✦

房鏡

圓鏡

擋板

▲車長透過房鏡可以看到圓鏡照着的中門位置，幫助車長留意乘客的下車情況。

讓車長看到可能被擋板遮住的小朋友。

◇◇ 更多設備 ◇◇

Seats available on upper deck

上層尚餘

63 空位 Seats

上層剩餘座位數目

▲上層空置座位數目顯示屏，方便乘客考慮是否登上上層。

▲落車位稍稍向下斜，減低地台與路面的高度差距，讓乘客更易下車。

◄提供免費Wifi和USB充電插頭。

每輛車都設有消防設備。

6

「無障礙」及安全乘車

雙輪椅停泊位

設雙輪椅停泊位的巴士主要行走途經醫院的路線,以方便更多有需要人士乘搭。

▲雙輪椅停泊位的標誌貼在車頭。

▲前門可放下斜板,方便輪椅上落。

◀顏色鮮明的連續性扶手,由上車門位置一直伸延至車尾,讓乘客能隨時握緊扶手。

巴士

鐵路

船

飛機

第二代
實時報站系統

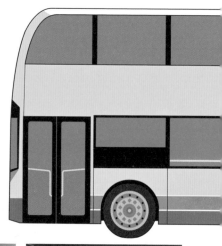

　　第二代實時報站系統的控制器與7吋大小的平板電腦相似，體積雖小，卻是巴士的大腦，連接着報站顯示屏、八達通系統、動態巴士站顯示屏及公司車務控制中心。

▲車長只需在控制器中選擇所行駛的路線和目的地，實時報站系統即啟動。

▲實時報站系統啟動數秒後，車長位的電子牌及車內外的顯示屏也會顯示目的地。

▲動態巴士站顯示屏會顯示將要到達的三個巴士站，及預報到站時間。

▶過往的分段收費要靠車長按掣調校，連結實時報站系統後，巴士到達「分段收費區」，八達通系統就會自動調整車資。

◀八達通系統也會自動按路線資料，以大字體顯示該程車的車資。

⟨ 實時報站系統的運作原理 ⟩

實時報站系統主要靠全球定位系統（GPS）和新巴城巴自行研發出專有的位置與行車路線配對（Snap-on-route）技術，配以過往行車紀錄的大數據，以提高準確度。

▲車長也透過控制器接收由控制中心傳來的車務資訊及臨時調動等。

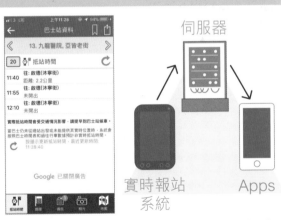

伺服器

實時報站系統

Apps

▲我們能透過「新巴城巴Apps」查看巴士抵站時間，也是由系統將巴士的實時位置上傳至伺服器。

營運支援主任 Q&A

你知道巴士的一天如何度過？車長只會駕駛一輛巴士行固定路線？為巴士車身設計廣告的過程是怎樣？電子路線牌如何點出創意？讓兩位城巴的營運支援主任為大家解答吧！

巴士

鐵路

船

飛機

阿Lo

高級營運支援主任
＋兼職車長

▲自小熱愛巴士，經常坐在上層扮車長駕駛巴士，後來報考新巴城巴的「見習督察計劃」入行，2014年首次為巴士設計車身廣告，近年主要負責推行實時報站系統，其間亦考了巴士駕駛執照，實現兒時夢想「揸巴士」。

Q1：巴士的一天如何度過？

首先，巴士和車長一天的行程都寫好了在「功課紙」上，去上班的車長會按照「功課紙」的編排到車廠或巴士總站取巴士。

車長在駕車前，會檢查車上的所有設備（包括實時報站系統、八達通系統等）是否運作正常。及後，將巴士駛往營運地點，或直接行駛負責的路線。

每輛巴士每日行駛18小時左右，不一定是同一條路線，也會換車長去駕駛。

完成一天工作的巴士，同樣按編排到指定車廠進行洗車程序——收錢箱（每周收2次）、排

隊入油、過洗車機，整個過程只需數分鐘時間，然後車長將巴士駛往車廠或總站停泊。

↓

巴士會進行月驗和年檢，月驗會做一些簡單的定期保養，譬如給引擎塗潤滑油、清理冷氣機隔塵網等；年檢則會作全面的檢查。當然，若途中車長發現巴士有任何問題，也會立刻把它駛回車廠進行檢查維修。

阿Mark

助理營運支援主任
＋兼職車長

新巴城巴的雙層巴士有不同款式及長度：

▲同樣熱愛巴士，自小能熟背港島區的巴士路線。在新巴城巴研發電子地圖時，加入做校對工作，以確保路線資料正確。現任職於營運支援部，設計電子路線牌是其負責工作之一。

新巴人力車觀光巴士，首創主題式開篷觀光專營巴士服務。

城巴機場快線，來往機場及市區。

行駛市區路線。

車身較短及配有樹檔的新巴，主要行駛山頂、赤柱和路窄多彎的路線。

巴士

鐵路

船

飛機

Q2：車長只會駕駛一輛巴士行固定路線？

不是。車長分為兩個類型：字軌車長和Spare車長。

字軌代表一個固定的更份、開車時間或班次。

Spare指沒有固定更份，主要是按當日車長的出勤情況，頂替請假的車長，會被安排駕駛不同路線。

車長也不是駕駛固定的巴士，為了善用資源，A車長休息時，會由B車長去駕駛該巴士。待A車長休息過後，可能駕駛另一輛巴士。

Q3：為巴士車身設計廣告的過程是怎樣？

最初我只是用小畫家去畫，後來才學一些較高階的繪圖軟件，畫出來後，就修改成可以貼在巴士車身上的廣告，現時的巴士車身廣告都是像貼紙般貼上去。

其初次創作是為18X號線和798號線巴士重新包裝，這兩款設計的巴士有被製作成模型巴士：

▲18X路線，以一家三口跑步上學及上班的姿態，寓意一程貫通港島東西。

▲798號線，以將軍騎馬象徵快速，小火車代表與港鐵連接。

◀2018年設計的「租車Call城巴」廣告，其實是一個懷舊廣告，在十多年前城巴有過一個類似的廣告，宣傳租車服務。廣告上畫了幾個卡通城巴的圖案，代表租車的車隊。

巴士

鐵路

船

飛機

Q4：電子路線牌如何點出創意？

新巴城巴的電子路線牌用的是英國製的「Handover 電子牌」，牌上的文字或圖案都是靠人手在電腦軟件逐點「篤」上去。電子路線牌上的圖案須經設計，再逐點「篤」，及後修改才完成。

▲告別舊高地台巴士。

▲宣傳接駁高鐵的W1號線巴士。

實施最新 「歐盟排放標準」

自1993年起，香港各大專營巴士公司購買的新巴士，其引擎都必須符合最新的歐盟排放標準*，各種污染物的排放量都不可以超過標準值。

出色的巴士還要顧及環境保護。

*訂立「歐盟排放標準」是為了限制車輛的污染物排放量，現有「歐盟一期」至「歐盟六期」。簡單來說，符合「歐盟六期」標準的引擎會比符合「歐盟五期」的排放更少污染物。香港於2018年起實施「歐盟六期」標準。

電動單層巴士

新巴城巴亦採用由政府資助的「零排放」電池電動巴士，由電池所提供的純電力驅動，行駛時可達「零排放」。

14

環保車廠有辦法！

帶大家看看新巴城巴的車廠吧！

循環再用洗巴士用水

每日約70%清洗巴士用水會經由循環過濾系統處理及循環再用。

回收光管

將巴士上用過的棄置光管妥善收集，並交予回收商清除光管內的水銀，然後把玻璃廢料壓碎，所得到的水銀和玻璃碎及金屬物料都是可循環再用的。

巴士

鐵路

船

飛機

小 知 識
與巴士相關的俚語

Miss the bus / boat
= 錯失時機

世上最早的巴士

最初的巴士從馬車演變而來，雖然兩者的動力都來自馬匹，但營運概念卻完全不一樣。

最早的單層馬巴士——Omnibus

巴士

鐵路

船

飛機

1828年4月28日，由英國馬車建造師 George Shillibeer 所設計的Omnibus，首次在巴黎街上提供交通服務，隔年該款車出現在倫敦街頭，並大受歡迎，自此正式開啟了巴士的歷史。

Omnibus用3匹馬拉動大型的四方車廂，最多可載22人。

小檔案

倫敦交通博物館
London Transport Museum

內有三層展館，收藏了倫敦不同時期的巴士、電車和火車車廂等。

⟨ 跟馬車不一樣的營運概念 ⟩

Omnibus不是一項新發明，早在1662年的巴黎也有過類似的公共馬車服務，但當時不允許一般民眾乘搭，最終沒變得普及。Omnibus不像昔日的馬車要預約乘搭，乘客不論身份，也不用跟車內的人相識，只要付車資便可上車，又可隨時下車，開啟了新的大眾交通模式。

巴士

◆◆ 雙層馬巴士 ◆◆

馬巴士在倫敦流行起來，各巴士經營者為增加效益，紛紛投入發展改良型，Thomas Tilling設計的

「Bus」一字即源自Omnibus，它的拉丁文意思是「for all」（給所有人）。

鐵路

「Knifeboard」從中突圍而出。Knifeboard的車廂長度比Omnibus短3呎，雖然分兩層兼加裝樓梯，但淨重量卻輕近一半，只用2匹馬來拉動，車夫較易駕馭之餘，亦節省不斷漲價的養馬費。

船

▲Knifeboard最多可載26人。

▼在現今的倫敦市中心仍有機會一睹快速駛過的雙層馬巴士。

飛機

引擎巴士出現

最早以引擎作動力的巴士出現在1890年代，右圖的「Leyland（利蘭）X2 type bus」為現存的第一代引擎巴士，採用早期利蘭車廠生產的巴士底盤，可載34人。

▶現時大部分巴士仍主要以汽油、柴油引擎作動力。

第一款大量生產的引擎巴士

倫敦LGOC在1910年推出B型引擎巴士，到了1913年已生產了約2500輛。第一次世界大戰期間，B型引擎巴士扮演了重要角色，過千輛巴士被軍隊徵用，或被運往歐洲大陸各地，遠至希臘也有B型引擎巴士的足跡。

◀早期的雙層巴士仍沒有車頂。

香港巴士的型號與發展史

第一次世界大戰過後，香港也引入巴士了！那時馬巴士已在西方國家悄然沒落，所以一開始出現在香港的就是引擎巴士。

巴士在香港行駛了近100年！

20年代
至
30年代

利蘭獅子型單層巴士（Leyland Lion LT1），全長約8.3米，有36個座位。

引擎冷卻欄柵

Thornycroft 的 CD4LW Cygnet 型，引擎冷卻欄柵呈橢圓形是其主要特色。

香港曾擁有多間巴士公司，除了在1933年取得專營權的九龍巴士和中華巴士外，還有香港大酒店公司、南興巴士公司、香港仔街坊福利會等。

40年代 至 50年代

1941年至1945年間，日軍進侵香港，巴士服務癱瘓。戰後，全港僅存32輛仍可使用的巴士，一度需要將貨車改裝成巴士來接載市民，九巴和中巴也開始積極向外尋找新車源。

巴士

鐵路

船

飛機

Tiling Stevens 白水箱，引入了短陣和長陣兩個版本，短陣版（車身較短）走路窄多彎的道路，長陣版走較繁忙的市區幹線。

有「T」字標誌

座位分頭等、二等，除了車長負責駕駛，另有兩個售票員在車上工作。

丹拿CVG5型（丹拿A、B型）是由九巴引入的第一批雙層巴士，因為車嘴全黑，俗稱「烏嘴狗」。

20

▶當年普遍採用柚木條製的座椅，坐起來感覺較通爽。

政府把路旁阻礙雙層巴士行走的樹木鋸掉，並將商鋪的招牌拆除或提升至離地最少4.8米，為日後的雙層巴士普及化打好基礎。

這時的巴士仍採用前置引擎，因此車門設在後方。

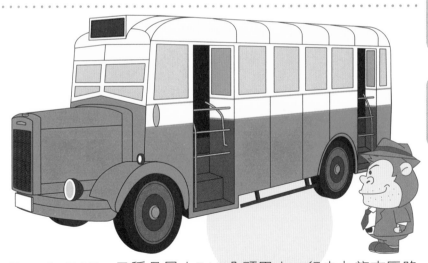

Dennis PAX，又稱丹尼士PAX凸頭巴士，行走九龍市區路線。它的引擎安裝在前車軸前，是其一大特色。

21

巴士

鐵路

船

飛機

這個年代，巴士經常超載，即使雙層巴士的樓梯級也站滿人，仍沒法將候車乘客全部載走。在購車方面，兩家專營巴士公司各有所好，中巴屬意於佳牌（Guy）車廠，九巴則有購自亞比安（Albion）、AEC、丹拿（Daimler）等車廠生產的巴士。

九巴傾向引入亞比安的單層巴士。這款亞比安VT23L型，配上利蘭EO370引擎，有足夠馬力把巴士帶上陡峭的荃錦公路，令巴士服務可以伸展至大帽山一帶。

▼「水翼船」比同款雙層巴士擁有更強大馬力。

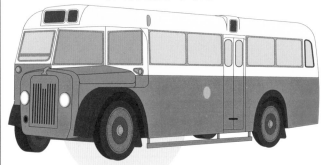

佳牌亞拉伯5型是中巴的主力車型。中巴先是引入雙層車款，卻發現它的波箱支援不了高轉速的吉拿引擎，以致沒有足夠馬力駛上港島區的爬坡路線，於是很快便引進能支援吉拿引擎的單層車款。這款單層巴士直駛上太平山頂，也毫不費力，而有「水翼船」之稱。

中巴再進一步引入40輛佳牌亞拉伯5型長陣版，車身長35呎7吋（約10.8米），有20個座位和50個企位，別號「長龍」。

1968年，一輛「水翼船」失火，車身嚴重損毀，只剩下底盤運回車廠。中巴靈機一觸下，嘗試將一套28呎長的「Metal Sections」車身散件改裝，並套用在這個底盤上，成功將原本的「單層水翼船」改裝成「雙層水翼船」，載客量大增，展開了中巴的單層巴士改裝計劃。

▶由「水翼船」改裝的短陣矮身版LS型雙層巴士，一直服務至90年代。

中巴在1978年至1986年間為全數亞拉伯5型巴士進行現代化工程，巴士的底盤經過翻新，外觀也重裝上「亞歷山大」車身*。翻新後的巴士不單載客量增加，還擁有更出色的爬坡表現，人稱「爬山號」。

*由亞歷山大車身公司開發的一款專為半駕駛艙式底盤設計的新車身。

AEC Regent 5型又稱「大水牛」，是當時最巨型的雙層巴士。其車身長34呎，比英國本土的AEC巴士更巨型，因為當年英國政府規定半駕駛艙式的雙層巴士不可以長過30呎，但香港並沒有這個限制。另外，「大水牛」採用電動車門，是九巴首批無須人手去開關車門的巴士。

▲ 因應世界進入塑膠年代，「大水牛」同時引入用玻璃纖維強化塑膠製造的座椅，其椅身光滑呈青綠色。

丹拿CVG6型泛指被九巴稱為「丹拿C型」至「丹拿F型」的巴士，它們是推行「一人售票」、及至不設售票員的過渡期。

巴士

- 丹拿C型，使用手動閘門，設3名售票員。
- 丹拿D型，設電動閘門，售票員有固定座位，開始「一人售票」模式。
- 丹拿E、F型，把後置式樓梯移至車長位之後，部分車配備錢箱，試行由車長負責監督乘客投幣的「一人控制」模式。

鐵路

船

面對乘客量不斷增加，而英國車廠又未能提供足夠的新巴士去應付，在求車若渴的情況下，兩家專營巴士公司先後購入二手巴士。當中，80多輛利蘭泰坦PD3/4型（Leyland Titan PD3/4）抵港時，曾一度紓緩了車輛不足的壓力。但這風行倫敦的車款，卻因為車上的英式毛絨座椅，不適合香港炎熱的天氣，使它在港不太受歡迎。

飛機

70年代中 至 90年代

第一代後置引擎雙層巴士Daimler Fleetline抵港，中巴將它媲美為珍寶波音747客機，自此「珍寶巴士」的別號不脛而走。

〈 後置引擎巴士的優點 〉

① 車廂內的噪音大幅減少。
② 車廂地台較低，方便乘客上落。
③ 前車門和錢箱能一併設在車長位旁，車長更易監察乘客支付車資。
④ 車廂看起來更寬敞。

巴士

鐵路

船

飛機

▼中巴的珍寶巴士。

▲乳膠墊座椅隨珍寶巴士引入。

▲九巴的珍寶巴士。

◀城巴的
珍寶巴士。

＊城巴在1979年以
一輛艾莎富豪B55
（Volvo Ailsa B55）
開始營運，同年亦購
入多輛二手珍寶巴
士。

丹尼士喝采（Dennis
Jubilant）是一款專為香
港市場而設計的巴士。
當時的後置引擎巴士技
術始終尚未成熟，珍寶
巴士的爬坡能力不足，
丹尼士車廠看準機遇，
設計出以貨車底盤改裝
而成的前置引擎雙層巴
士。

▲跟上一代前置引擎巴士比較，最
大改進是前車軸移後，前車門及駕
駛室位於引擎兩側，令「喝采」適
合採用「一人控制」模式。

都城嘉慕都城型雙層巴
士（MCW Metrobus，單門
版）的引入，標誌着第三代
後置引擎雙層巴士的成功，
其冷卻水箱的散熱效果和爬
坡能力都比第一代珍寶巴士
優勝。

三軸12米雙層巴士陸續登場，12米利蘭奧林比安（Leyland Olympian）是其中之一，全車載客量達157人，它的下層車廂以企位為主，被稱為「大水塘」車廂。

◀利蘭奧林比安在2003年退役後，其中9輛曾改裝成訓練巴士，直至2013年才正式停用。

利蘭奧林比安的空調版，也是最早成功以單一引擎同時驅動空調系統的雙層空調巴士，由城巴率先引入，奠定了日後空調巴士在香港發展的基礎。

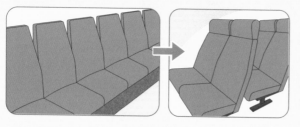

◀人造皮獨立座椅隨空調巴士引入，往後更加上頭枕，讓乘客坐得更舒適。

丹尼士統治者（Dennis Dominator）亦加入第三代後置引擎雙層巴士的行列，以統治者為基礎開發的巨龍和禿鷹三軸雙層巴士更在香港大行其道至2010年代。

▲被九巴塗裝上白底紅線的利蘭奧林比安空調巴士，使它與非空調巴士有所區別，往後這種塗裝的空調巴士都被稱為「白板車」。

城巴和新巴先後接管原先由中巴經營的專營巴士路線,中巴最終在1998年9月1日全面結束其長達65年的專營權。此時,香港正邁進低地台巴士服務的時代。

丹尼士三叉戟（Dennis Trident）是最早引入的三軸雙層低地台巴士。過往,行動不便的人士是不能坐着輪椅上巴士的,直到90年代,人們更關注傷健共融的問題,低地台巴士才應運而生。低地台巴士設計成「可供輪椅上落」,車門要有足夠闊度讓輪椅通過,也設有輪椅斜板和輪椅停泊位。

▲九巴將低地台巴士塗裝成金色。

2012年5月8日非空調專營巴士（俗稱「熱狗」）全部退役。

亞歷山大丹尼士Enviro500 MMC是全球最暢銷的三軸雙層巴士，它輕盈、耐用、省油、性能佳、低排放且載客量高，新巴、城巴、九巴、龍運巴士都一直持續引入這款車型。

Enviro500 MMC的出現也奠定了亞歷山大丹尼士在專營巴士市場上形成「一廠獨大」的格局。

巴士

鐵路

船

飛機

▲九巴2019年樓梯位採用「玻璃透視式」設計版

▲城巴版　　　　▲新巴版　　　　▲九巴的城市脈搏
　　　　　　　　　　　　　　　　紅色車身版

原來我們三個是同一個型號的巴士啊！

原來你不知道……

環球巴士

華生號和愛麗絲號在車廠發現李大猩號,他表示自己不是來自英國。

前面只有我們英國巴士登場哦!

其實香港也有來自其他國家的巴士。

1984年之前的香港只有英國巴士?

香港自1933年實施巴士專營權,規定專營巴士必須向英國或英聯邦的車廠購買,直到1984年才放寬限制。

巴士

鐵路

船

飛機

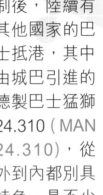

德國猛獅 24.310

政府放寬專營巴士來源限制後，陸續有其他國家的巴士抵港，其中由城巴引進的德製巴士猛獅24.310（MAN 24.310），從外到內都別具特色，是不少巴士迷的心頭好！

巴士

鐵路

船

飛機

小檔案

車廠：德國猛獅（MAN）
底盤型號：MAN 24.310
車身建造：荷蘭Berkhof車身
　　　　　（城巴版本）
服役年份：2000年至2018年

◇◇◇◇◇◇◇◇ 有城巴配置的九巴！ ◇◇◇◇◇◇◇◇

　　雖然猛獅24.310是由城巴引進，卻從未為城巴服役。當年，城巴訂購了31輛配有荷蘭 Berkhof 車身及2輛配有澳洲傲群（Volgren）車身的猛獅24.310，然而在交付之際，運輸署實施車輛配額限制，城巴因超額被迫取消訂單。及後，這批車大部分由九巴接收。

車廂特色

扶手柱保留城巴的紅色，而非九巴慣用的黃色。

▶當年城巴的標準紅色扶手柱

◀九巴扶手柱

沿用城巴的Fainsa Cosmic座椅，但加裝頭枕及換成粉紅皮套。

↙頭枕設有空位

駕駛室與樓梯之間都設有座位，用盡每一個空間。

按城巴的要求，樓梯設於全車的中間，樓梯的下層對着中門。

深受巴士迷喜愛的座位，因為可以看到車長駕駛巴士。

因為沒有足夠冷氣吹達車長位，成為九巴車隊中唯一需要額外加裝風扇的巴士型號。

外形四四方方的Berkhof車身，漆上九巴標準的香檳金色後，就像一塊巨形「金磚」。

巴士

鐵路

船

飛機

34

退役巴士哪兒去？

專營巴士條款規定，專營巴士行走18年就必須退役，即使該車輛完好無缺。大部分退役巴士會公開拍賣，有二手車商會競投巴士轉售去外國繼續服役，劏車場會投標，一般市民也可以投標，但市民買回去的退役巴士不可以在香港的公路上行駛。部分退役巴士會改為非專營用途，用作出租車，或改裝成車長訓練車、「巴士教室」等。

巴士 / 鐵路 / 船 / 飛機

瑞典富豪B8L（Volvo B8L）

B8L底盤為人稱「奧林比安之父」的瑞典巴士大師所設計，百分百瑞典廠家製造，配備符合歐盟六期排放標準引擎。九巴擁有全球首輛生產的富豪B8L。

於馬來西亞裝上Wright Eclipse Gemini 3車身的富豪B8L剛在2019年登場，跟隨「城市脈搏」版的巴士塗成紅色，但有完整展示車身下半部的「KMB」標誌。

> 讓我介紹一下其他國家的巴士給大家吧！

巴士

鐵路

船

飛機

中國的巴士

1950年以前，中國的巴士大多從外國入口，或以外國貨車改裝而成。直至北京市公交局於1950年6月製造出以煤氣推動的巴士「51式煤氣車」，才開啟了中國生產巴士的道路。

大道奇T234

從美國入口的大道奇T234後加上「51式煤氣爐」。巴士尾部配有煤氣產生器，運行前先要生火燒煤，待煤氣穩定後才可行駛。停車後還要清理煤渣。雖然非常不便，但在汽油短缺的時代，相當可取。

1950

▶雖然氣包車設計上非常落後而且危險，但某程度卻符合現今追求的「低碳環保」理念。

57型巴士

1957年，上海公交公司以中國製的解放牌CA10型貨車改裝成「57型巴士」，是第一部完全中國製的巴士。

氣包車

60年代，重慶及四川一帶開發煤田，因而得到大量煤層氣（天然氣的一種）。當地巴士公司也順理成章地以煤層氣作為燃料。方法就是直接將煤層氣注入橡膠大包，並將之置於車頂，再以喉管接駁引擎。

巴士

鐵路

船

飛機

1957　　　　　　　　1960

JT663

一直以來中國都以貨車底盤去製作巴士，直至1981年，在政府牽頭下，終於生產一輛正式巴士。這款巴士當時非常流行，道路上每10輛巴士就有3部是這JT663型號。

巴士

鐵路

船

飛機

後來的設計比較仿效外國。

金龍XMQ6105G4

有「都市天使」異名的巴士，在中國運行10年以上。近年因為推動新能源汽車，才逐漸退役。而台灣亦有引入同公司出產的巴士。

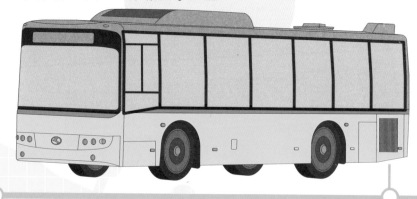

1981

2008

鐺鐺車XMQ6105AGBEVM

特別為旅遊區設計的巴士。外形復古，圓頂玻璃及木椅子的設計，充滿民國時代氣息。而且車輛以電能推動，有效減少空氣污染。

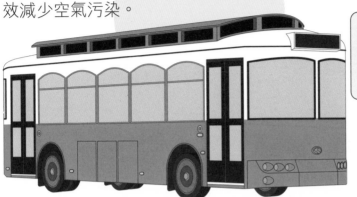

這輛巴士看來就像無軌電車一樣。

巴士

鐵路

船

飛機

安凱純電動雙層5G巴士

乘搭在廣州科學城行走的5G巴士時，能夠透過手機查看司機的評分、車站附近的人流及商場活動等即時情況。巴士監控中心亦同時掌握全車每個乘客的舉動，以及司機的健康情況。

2019

日本的巴士

早在明治時代（1905年），日本已經開發巴士。但由於受到人力車、鐵路等不同競爭者的阻礙，日本的巴士要到大正時代（1923年）才得到正式發展。

巴士

鐵路

船

飛機

▲日本橫川車站前，現今依然有擺放可橫巴士的複製品。

可橫巴士

因來往「可部」與「橫川」之間而命名為「可橫巴士」。相傳是日本第一輛巴士，最多可供12人乘搭。全15公里的車程，收費24錢（約現今330元港幣）。由於故障頻繁，最終只運行了9個月。

円太郎巴士

1923年關東大地震令東京地面的電車無法行駛，於是政府引入800輛美國福特汽車，改裝成可供11人乘坐的巴士。円太郎巴士令人們體會到巴士的便利，加速了日本巴士業的發展。

1905

1923

TOYOTA FS 柴火巴士「三太號」

　　由於二戰後，日本國內燃油不足，所以開發出柴火巴士，利用燃燒柴火時產生的一氧化碳及氫氣混合而成的「木煤氣」推動車輛。「三太號」是現存最還原當年柴火巴士實貌的複製車。

巴士

鐵路

船

飛機

東京瓦斯電氣工業 MA型 國鐵巴士第1號

　　日本最初自行生產的巴士之一。同型號總共生產了7輛，可乘坐約30人。實物在日本不同鐵路博物館巡迴展出，是現存最古老的日本巴士。

▲木煤氣產生器放置於車後。

1930

1950

日野Blue Ribbon BD-10

為全面利用車廂面積，增加載客量，引擎放於車底中間。為方便修理，整個引擎可以輕易拆除下來。該車於2018年獲得「日本自動車殿堂 歷史遺產車」獎項。

巴士

鐵路

船

飛機

三菱P-MP218M（Aero Star）

三菱 Aero Star系列一直推陳出新，是日本常見的巴士之一。最大特點是近前車門設有低一階的車頭玻璃。如果到東京旅行的話，不妨留意一下。

隨着2002年日野及五十鈴共同開設公司「J-Bus」專門生產巴士，「五十鈴 ERGA」就成了日本巴士的主流車款之一。特別是其後推出的日野Blue Ribbon II外貌與ERGA別無二致，外行人難以分辨。

1952   1984

DMV-1 「破浪往未來」

DMV（Dual Mode Vehicle）既是巴士，也是火車。它能在一般道路上行駛之餘，也能使用鐵路前進。

同時具備火車的高速及巴士點到點的功能，造價也只有火車的一半。

因為能夠同時在道路或路軌上行駛，運作便更靈活，例如由機場前往酒店時，可以先利用鐵路高速直達市中心，再變成巴士駛往酒店門口。

▲提高車身，伸出路軌專用的車輪，整個過程只要15秒。

日本德島阿佐海岸鐵路將會領導全球，於2020年正式使用DMV。

五十鈴 ERGA

巴士

鐵路

船

飛機

2002

2019

歐洲的巴士

要說歐洲巴士，就不得不提捷克及德國。因為歐洲最大的巴士製作公司位於捷克，而德國的汽車工業亦無人不知。

Škoda 606 DN - Karlovy Vary

Škoda 606 DN是1937年推出的經典巴士，其中行走於捷克卡羅維瓦利（Karlovy Vary）一帶的版本，採用天窗式設計，感覺別樹一格。

Mercedes-Benz O10000

車長20米超級大型巴士，足以供70人乘搭。由於乘載量驚人，所以在二戰期間曾被征用作運送郵件。雖然只短短生產了4年，但其獨特的車身及名稱，令人留下深刻印象。

1937   1938

Škoda 706 RTO

因為造價便宜，而且耐用，所以非常暢銷，服役長達近20年，生產量多達15000輛。不但歐洲，連亞洲、非洲及南美都可看到它的身影，堪稱巴士界的傳說。

巴士

鐵路

Karosa SM11

擁有三門設計的特徵。因為捷克出產的巴士非常耐用，所以同系列的巴士由1965年開始，一直在路上為市民服務至1981年。

船

飛機

▲亦有加長車廂的版本。

1958   1965

Mercedes-Benz O305

▼來到香港，當然變
成雙層巴士了！

賓士最成功的巴士車
款之一。不但風行歐
洲，而且也曾引入香
港，作為第一輛並非從
英國引入的巴士，專門
行走屯門公路。

Iveco Crossway LE

以海豚商標為人熟知的Iveco是歐洲最大的巴
士生產商。它的Crossway LE系列曾多次獲得獎
項，為多個國家採用。是現今歐洲最常見的巴士
之一。

1967

Mercedes-Benz Future Bus

賓士於2016年已經開發的全
自動駕駛巴士。行車時會自動
掃瞄路面，若有坑道等損毀會
即時向相關部門報告。比起現
時的巴士，Future Bus的車廂
設計更寬闊舒適。乘客不但可

▲座位設計非常前衛。

在巴士內為手機充電，更可以透過手機支付車費。

2007

2016

美國的巴士

大家看荷里活電影或電視劇，一定會留意到常常出現黃色校巴。在美國巴士歷史中，它們佔有很重要的地位呢。

巴士

鐵路

船

飛機

Blue Bird No.1

美國第一輛校巴，由福特汽車Model TT上加上木製車廂而成。當時還未制定校巴專用的「橙黃」色，所以車身跟現時有別，是鮮橙色的。

GM "old-look" transit bus

1940至1969年期間生產的美國巴士，當中包括很多不同的型號，但外貌大致相同。「old-look」其實並非官方名稱，只是因為後來推出了「New Look」巴士，所以才被後人冠上「old-look」之名。

1927

1940

Gillig Transit Coach School Bus

可能是世界上產量最多的校巴。同系列生產了長達42年，內部裝置不斷改善的同時，外貌卻保持傳統。在美國是非常具代表性的校巴。

GM New Look bus

綽號「金魚缸」的New Look是美國經典巴士，生產量達45000輛。不單止在美國，也有在加拿大行走。電影《生死時速》中主角們所乘坐的巴士，正是「New Look」。

1950   1959

Chevrolet / GMC B series

以中型貨車改造而成的校巴，可以柴油或汽油驅動。自1969年起，多年來B series只有車頭不斷改變，車身並未有重大改變。在電視劇《The Walking Dead》中是常見的交通工具。

巴士

鐵路

船

飛機

▲用於囚車或廣告車時，不設側窗。

TC/2000

格價低廉，而且用途廣泛的巴士。除了主要作為校巴之外，也會被用作移送囚犯、改裝成流動廣告車等。

1966

1988

Freightliner FS-65

　　Freightliner是美國著名的重型貨車生產商。1996年，他們嘗試生產校巴，第一架成品就是FS-65。可能由於是重型貨車做根基的關係，所以FS-65的車身比一般巴士高，上車前先要跨上梯級。

▶車門離地甚高。

Saf-T-Liner C2 "Jouley"

　　2019年推出的全電動巴士，可以供約80人乘搭。設有GPS系統，方便追蹤學童位置。近年人們愈來愈講求環保及健康，電動校巴可以減少空氣污染及節能。

1996

2019

其他特色巴士

除了大家常見的巴士外，世上還有很多你未見過的巴士啊！

巴士

鐵路

船

飛機

Super Bus

最高時速300km/h，性能媲美超級跑車的巴士，只要坐它就不怕遲到了。不過乘客可能會感覺像坐過山車一樣，所以連座椅都是跑車級的呢。

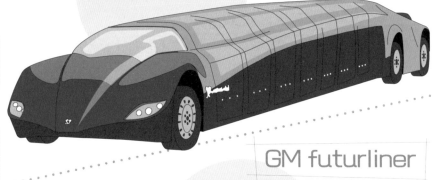

GM futurliner

1940年代通用汽車生產的特殊巴士，全世界只有12輛。內部空間非常廣闊，可以用作展覽、居住等不同用途。其獨特的外觀為它帶來了不少狂熱支持者。

▲從車頭下方進入駕駛室。

AmphiCoach GTS-1

▼可在水中航行。

　　歐洲小國馬爾他製作的水陸兩用巴士，現時只有2台，分別在匈牙利及北愛爾蘭作為觀光車使用。

Terra Bus

　　為雪地特別設計的巴士，最特別之處是擁有極大的車輪，直徑比一般人還要高。在北極是相當重要的交通工具。

巴士

鐵路

船

飛機

Colectivo

南美特色的 collective bus。就像的士一樣，沒有特定路線，而且並非統一經營，所以每架的車身花紋都各有特色，非常華麗。

Pickwick nite Coach

全世界首部設有睡床的長距離巴士。以往穿州過省，動輒數天，巴士需要連夜行駛。設有睡床就能讓乘客舒適地享受旅程了。

▶當年的巴士廣告。

將來的巴士說不定可以變形成機械人呢！

你以為是變形金剛嗎？

54

鐵路
RAILWAY

香港鐵路

港鐵列車有哪些設備？

架空電纜

集電弓

空調裝置

目的地
展示燈箱

乘客車廂

駕駛室

車頭燈

軌道

巴士

鐵路

船

飛機

相片來源：港鐵公司

港鐵列車是靠甚麼驅動的？

它們靠電力驅動的。

巴士

鐵路

船

飛機

◆◆ 列車如何從電纜取電？ ◆◆

港鐵列車的車頂都設有集電弓，能把架空電纜的電源傳送到列車的動力裝置中，使列車開動。

架空電纜

相片來源：港鐵公司

集電弓

▲有些集電弓會髹成紅色使其更鮮明易見。

小 知 識

為甚麼港鐵範圍內嚴禁攜帶金屬氣球？

氣球的金屬表面可以通電，若從手中飛脫又碰到架空電纜，便有機會引致短路或小火，影響鐵路運作，甚至造成危險。

歷 史 事 件

在1995年的平安夜，銅鑼灣站突然有一個金屬氣球飄進隧道內，導致即時斷電，列車不能行走。

軌 道

鐵路軌道主要分為砂石軌道與版式軌道。
砂石軌道即是鋪有「道碴」的軌道。

巴士

鐵路

船

飛機

優點 道碴能將列車行駛所帶來的重量均勻地傳到下面的路基，起緩衝作用，也能吸收行車噪音，造價比較便宜。

鋼軌　道碴　枕木

缺點 保養工作較多。道碴會因長期的行車壓力而移動或被磨圓，出現鬆散、緩衝力降低等問題，因此必須定期進行搗固工程及較正。

版式軌道即混凝土軌道版。

優點 版式軌道的鋼軌固定在混凝土軌道版上，因此鋼軌位置不易移動，也無須進行繁複的搗固工程，能節省保養開支。

混凝土軌道版　鋼軌

拍片來源
港鐵公司

缺點 造價較貴。

兩種軌道
港鐵也有
使用哦。

談到維修保養，不得不介紹幕後功臣工程車們吧。

鐵路的維修工程相當複雜，除了依靠維修車輛，還有賴必須在凌晨至日出前，辛勤細心地工作的維修人員，他們才是真正的幕後功臣。

部分工程車一覽

巴士

鐵路

船

飛機

路軌銑磨車
利用銑磨技術復修路軌外形及打磨路軌表面。

特長路軌運載車
專門運載預先焊接的特長路軌，加快現場更換路軌的工序。

高台車近距離檢測電纜
讓專責架空電纜的人員近距離逐吋檢測架空電纜。

軌道及架空電纜幾何記錄車
用以收集沿綫軌道及架空電纜幾何數據。

相片來源：港鐵公司

港鐵模擬駕駛室

為確保列車通行無阻，控制中心的工作人員會監察着整個鐵路運作，駕駛室裏的車長也會「一眼關七」，將列車準時、安全地送抵目的地。

來認識車長的工作吧！

巴士

鐵路

船

飛機

陳凱妍車長
曾服務荃灣綫，現服務觀塘綫。

▲ 港鐵模擬駕駛室

圖片來源：港鐵公司

讓我來做採訪吧！車長你好，請問你們一天的工作是怎麼樣的？

我們的工作分為3個部分：

❶ 出發前，會先到車廠測試列車的各項設備，包括駕駛設備、廣播系統、車門運作等，一切妥當後才能駕駛列車出廠接載乘客。

❷ 接載乘客時，要注意乘客的上落車情況，也要確保列車準時抵達和駛離月台。

❸ 完成一天的工作後，將列車駛回車廠，交由車廠同事進行檢查。

◀車長會透過無線電系統與車務控制中心保持聯絡。除了接收與行車相關的資訊外，如車長遇到突發事情，也須通知車務控制中心，以採取應變措施。

▼列車在回廠時會通過洗車機「洗白白」，整個過程全自動化，只需花一兩分鐘便完成。

巴士

鐵路

船

飛機

圖片來源：港鐵公司

怎樣才能成為車長？

要成為車長須接受港鐵公司提供的專業訓練，認識鐵路安全、路軌結構、列車內外設施、如何駕駛列車等，通過測試、評估和經實習後，才能成為車長。

指示燈

按鈕

▲港鐵列車駕駛室內的控制台設有不同的指示燈,顯示列車設備的狀況,如車門開關情況、行車速度等。在駕駛期間,車長會利用控制台上的不同按鈕控制車門開關,並因應情況向乘客作出不同的廣播。

手動行駛模式

基本上列車是由信號系統控制,在有需要或遇上突發情況,車長才有需要改為手動駕駛。

如在駕駛時感到不適,怎麼辦哦?

每位車長在出發前都須面見「列車員工督察」,如當日精神狀態不佳則不可以駕駛列車。若然駕駛途中感到不適,可以通知車務控制中心作出人手調動安排。而每位車長在下班後至下一個上班時間,中間最少有12個小時的休息時間。

如果小朋友想成為車長,你會有甚麼建議嗎?

駕駛的技巧經訓練後大都能掌握,反而培養良好的性格與處事態度更為重要,例如守時的習慣、處事細心和能夠冷靜地處理突發事件。

軌距是甚麼？

軌距是指兩邊軌條之間的距離。國際標準軌距為1435mm，為全球使用最多的軌距類型。但各地也會因其地理或歷史原因採用不同的軌距，採用較窄的軌距為窄軌，較闊的為寬軌。

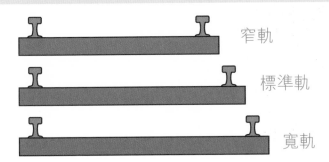

窄軌

標準軌

寬軌

港鐵軌距略有不同？

港鐵路軌大都採用標準軌距1435mm，但也有採用1432mm的行車綫路段，這是因為港鐵在2007年前採用1432mm的軌距，及後均以標準軌距1435mm為指定規格。但3mm的距離無礙列車運行，便繼續沿用舊鐵路路軌。

巴士

鐵路

船

飛機

香港也曾有610mm的窄軌行車綫路段，用來行駛沙頭角支綫的窄軌蒸汽火車。

到「香港鐵路博物館」便能一睹它的面貌。

Ⓜ 港鐵列車的型號

來認識我的列車朋友吧！

港鐵現時運作的列車有10多種，部分更已服役20年以上。

它們全都是電氣化列車了。

1998　改良版東鐵綫載客列車

製造地：英國　行走路綫：東鐵綫
行走年份：1998-現在

東鐵列車曾於1996至1999年間進行大規模的翻新工程，這批列車又稱為中期翻新列車、MLR（Mid-Life Refurbished Trains）。因車頭外觀圓渾配以銀黑色，又有綽號「烏蠅頭」。

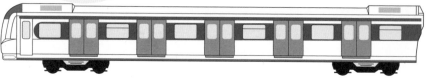

1998　九廣通

製造地：瑞士和日本
行走路綫：東鐵綫及廣深鐵路
行走年份：1998-現在

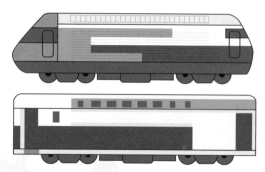

巴士　鐵路　船　飛機

1998　改良版第一代載客列車

製造地：英國
行走路綫：港島綫、荃灣綫、
　　　　　觀塘綫、將軍澳綫
行走年份：1998-現在

這是另一批於1998至2001年間翻新的列車，俗稱現代化列車、M-Train。

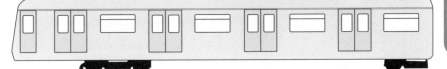

巴士
鐵路
船
飛機

1998　機場快綫 / 東涌綫列車

機場快綫

東涌綫

製造地：
西班牙
行走路綫：
機場快綫、
東涌綫
行走年份：
1998-現在

境內速度最快

俗稱A-Train，這款列車的最高時速達135公里，為境內速度最快的列車。

2001　近畿川崎列車（IKK Train）

製造地：日本
行走路綫：東鐵綫、西鐵綫、馬鞍山綫
行走年份：2001-現在

有俗稱為SP1900 / SP1950，那其實是訂購列車的合約編號，並非列車型號。

2002　韓國製列車（K-Train）

車廂噪音最少

製造地：韓國
行走路綫：將軍澳綫、東涌綫
行走年份：2002-現在

這款列車的隔音效果優良，特別適合因多急彎而造成極高噪音的將軍澳綫。

2005　迪士尼綫載客列車

製造地：英國　行走年份：2005-現在

迪士尼列車由M-Train改裝，又稱為DRL train（Disneyland Resort Line）。

2009　第四期輕鐵

製造商：南車南京浦鎮車輛
製造地：澳洲設計，中國建造
行走年份：2009-現在

自1988年起通車的第一期輕鐵尚未退役，但進行過翻新，外觀跟第四期差不多。

巴士

2011　中國製列車（C-Train）

製造商：中車長春軌道客車　　製造地：中國
行走路綫：南港島綫、觀塘綫、荃灣綫、馬鞍山綫
行走年份：2011-現在

鐵路

南港島綫

港鐵目前最新型號的客運列車，車廂內部較闊，以增加載客量。

Photo by guancha.cn

船

2018　廣深港高速鐵路

最高速跨境列車

廣深港高速鐵路香港段列車，於2018年9月投入服務，起於香港西九龍站，止於深圳市福田站。

飛機

2020　R-Train

R-Train，韓國製列車，預計於2020年7月投入服務。

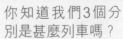

你知道我們3個分別是甚麼列車嗎？

香港鐵路系統的發展

香港最早沿軌道而行的是山頂纜車，然後是電車，到了1905年亦展開建造鐵路工程。

1905年
興建九廣鐵路（英段）

整條九廣鐵路接通香港與廣州，全長約178公里，分為中英兩段。連接尖沙咀至羅湖為「英段」，也就是早期的東鐵綫，由港英政府負責興建。連接深圳至廣州則為「華段」，由中國政府負責興建。

誰負責設計「華段」鐵路？

負責設計「華段」鐵路的人是詹天佑，他也是中國第一條由中國人設計的鐵路—京張鐵路的總工程師，有「中國鐵路之父」之稱。

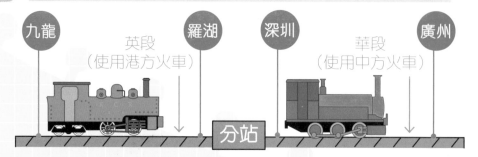

九龍　　英段（使用港方火車）　　羅湖　　深圳　　華段（使用中方火車）　　廣州

分站

巴士

鐵路

船

飛機

◆◆ 1910年 九廣鐵路（英段）通車 ◆◆

英段鐵路只設6個車站，從九龍總站（尖沙咀）行駛到羅湖，每日僅開2班，車廂分頭等、二等和三等。至今仍分為頭等車廂和普通車廂。

當時車廂沒有冷氣，只能用風扇。

座椅可因應列車行駛方向轉換椅背。

設有行李架。

乘客可自行打開窗戶。

◀1911年的三等車廂。

◆◆ 1916年 尖沙咀火車總站落成 ◆◆

早期的九龍總站只是用貨倉改建的臨時車站，正式的火車總站是在九廣鐵路（英段）通車後6年才建成。

〈 為甚麼尖沙咀火車總站消失了？ 〉

啟用後50年，尖沙咀火車總站也變得不敷應用。到了1965年，政府決定在紅磡興建新的火車終站（即現時的紅磡站）。紅磡火車站啟用後，尖沙咀總站遭拆卸，只保留鐘樓。

船

飛機

改用新的火車總站

拆卸

鐘樓保留至今

▲尖沙咀火車總站

▲紅磡火車站

69

1975年，地鐵公司（現稱港鐵公司）成立，及後經營荃灣線、觀塘線和港島綫。

1980年代，電氣化列車陸續取代柴油機車。

2007年，九廣鐵路與地鐵合併，易名為「港鐵」。

過往，從九鐵列車轉乘地鐵列車要用不同的車票。

成人車票
Adult Ticket

成人單程票
Adult
Single Journey Ticket

大圍

九龍塘

石硤尾　　　　　　樂富

▲例如由大圍站到石硤尾站，持八達通也要從淺藍色綫的九龍塘站出閘，再步行至綠色綫的九龍塘站入閘，付兩程車資。

兩鐵合併後，才不用出閘另購車票轉乘。

大圍　顯徑　鑽石山　啟德

現時，港鐵網絡已遍及香港大部分地區，沙田至中環綫也在建設中。

雖稱沙中綫，但並不包括沙田站及中環站

宋皇臺

土瓜灣

金鐘　會展　紅磡　何文田

是「荔」？還是「茘」？

大家有注意到荔枝角站和荔景站的「荔」是寫成「茘」嗎？為甚麼3個「力」會變成3把「刀」？一般有以下兩個説法：

❶ 「茘」其實是日文漢字的寫法，據說當年承辦工程的日本財團沒注意到中日漢字的寫法不同，於是用了「茘」，而不是正寫「荔」。

❷ 也有説根據《康熙字典》，「茘」才是正寫。但甚麼時候「茘」寫成了「荔」，另外1970年代的香港是以哪種寫法為主？仍有待考證。

為甚麼位於大角咀的港鐵站命名為奧運站？

奧運站原計劃命名為「大角咀站」，由於落成時正值1996年夏季奧林匹克運動會，滑浪風帆選手李麗珊為香港奪得首枚奧運金牌，隨後兩名傷殘奧運會選手張耀祥和趙仲粦亦取得金牌，於是該站改名為「奧運」，以表揚香港運動員的輝煌成就。

巴士

鐵路

船

飛機

終於輪到我們高鐵了！你們知道甚麼是高鐵嗎？我們如何能高速行駛？

高速鐵路

高速鐵路，簡稱高鐵，是指最高時速達200公里或以上的鐵路系統。

巴士

鐵路

船

飛機

高速鐵路的科技

車身呈流線型，以減少空氣阻力。這組列車的最高時速可達350公里，在高鐵香港段上會以時速200公里行駛。

高速列車通過軌道上的信號裝置來接收信號，然後直接傳遞到列車駕駛室的儀錶上。

世界上第1列高速列車

在距今50多年前，日本計劃建造一條時速達200公里以上的高速鐵路。經過5年的設計和施工，東海道新幹線於1964年通車，子彈列車以飛快的速度締造世界高鐵誕生的歷史新頁。

市區列車一般只有時速80公里。

| 高鐵香港段 | 車廂數目：共8卡 |
| | 座位數目：共579個座位及2個輪椅使用者空間 |

相片來源：港鐵公司

為了能在高速下順利取電，不論架空電纜和車上的集電設備，都經過特別的設計。

為了讓列車有足夠的動力高速行走，採用高性能的馬達以及相關的動力設備。列車首卡及尾卡為拖卡，中間的 6 卡為動力車卡。

巴士

鐵路

船

飛機

Photo by Roger Wollstadt

▲1967年0系新幹線，是新幹線最早的車型。

日本新幹線誕生後，作為鐵路發源地的歐洲各國也不甘後人，相繼加緊研發高速鐵路。

那時香港仍在用柴油機車呀。

73

日本新幹線以時速200公里揭開高鐵歷史。

 法國的TGV-PSE列車問世，時速260公里。

 德國的ICE列車加入高鐵行列，時速280公里。

 由德國研發、在中國上海行駛的「上海磁浮列車」，最高時速達431公里。

 法國的TGV-A列車時速515.3公里，營運時速也高達300公里。

 日本磁浮列車創下新的世界紀錄，最高時速達603公里。

⟨行駛最高速V.S.營運最高速⟩

行駛實驗的最高時速並不等於每天載客的營運最高速，原因不單是確保列車行駛的安全，還有能源效益、減低噪音等問題。

「上海磁浮列車」是現時唯一營運的磁浮列車，也是營運時速最快的列車。

◆◆ 為甚麼要發展高速鐵路？ ◆◆

二次大戰後，高速公路和航空交通興起，令不少人認為「鐵路將會被汽車和飛機取代」。但日本新幹線的誕生，成功展現了高速鐵路優於汽車和飛機的地方。

❶ 中短途運輸更快捷

　　飛機的速度雖然比高鐵快近3倍，但機場多遠離市區，而高鐵能直接駛進市中心，省卻往返機場和辦理登機的時間。對1000公里以內的旅程來說，乘搭高鐵一般比乘搭飛機更快捷。

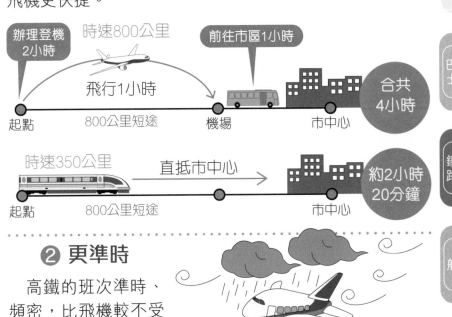

辦理登機 2小時

時速800公里

前往市區1小時

飛行1小時

合共 4小時

起點　　800公里短途　　機場　　市中心

時速350公里

直抵市中心

約2小時 20分鐘

起點　　800公里短途　　市中心

巴士

鐵路

❷ 更準時

　　高鐵的班次準時、頻密，比飛機較不受惡劣天氣影響。

船

❸ 更環保

飛機

　　以相同的運載量作比較，高鐵所消耗的能源遠低於汽車和飛機，也排放較少污染物。

每位乘客每公里的碳排放量百分比

飛機 100
汽車 85
高鐵 75

高鐵的碳排放量最少。

鐵路帶來的改變

自十九世紀初，第一輛蒸汽火車為了深入煤礦而發明後，鐵路扮演的角色也變得更重要。

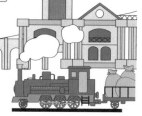

早期火車的主要用途

早期的蒸汽火車主要是用來運煤和貨物，不是一種日常使用的交通工具。世界上第一條公共運輸鐵路—「英國史達克頓・達靈頓鐵路」亦是連接煤礦地區和碼頭，使煤運抵碼頭後，可以經由水路運往其他地方。

▲「大印度半島鐵路」的鐵路橋，該路線於1853年通車。

英國更越洋到殖民地印度建設「大印度半島鐵路」，以便將棉花和武器運回自己國家。

76

連接城市與鄉間

後來，鐵路開始將城市與鄉間連接起來，為人們的生活帶來重大的改變。

為城市帶來的改變

火車為城市帶來足夠的食物，由於鐵路縮短了城市和鄉間的距離，鄉間的農作物、肉類、乳製品等更容易運到城市，使食物的價格下降，讓更多人可以買到食物。

巴士

鐵路

船

飛機

用馬匹運送要花3天。

數量不多，不新鮮。

$100

價格很高。

買不起呀！

用鐵路運送只需半日。

新鮮

窮人也可以喝牛奶了。

$20

有更多食物運來，價格下降。

過往，只有貴族和富人可以旅行。有了火車後，普通市民也可以坐火車到別處度假。

這不單推動經濟發展，更擴闊了人類的視野哦。

為鄉間帶來的改變

火車讓鄉間的農作物能賣到城市去，增加鄉下居民的收入，但火車的噪音和煙霧卻對鄉間的安寧和自然環境造成破壞，也導致不少原本生活在鐵道旁的村落被逼遷拆。

徵收

不能耕種了。

隨着鐵路科技不斷進步，火車為行經的鄉鎮帶來大量人口和資金，促使它們走向現代化，徹底改變當地人的生活形態。

巴士
鐵路
船
飛機

◆◆ 近代的集體運輸工具 ◆◆

自19世紀中期，英國倫敦率先在繁忙的城市底下建造鐵路，作為集體運輸工具的地鐵不但快捷、可靠、幫助解決交通擠塞問題，也更環保。

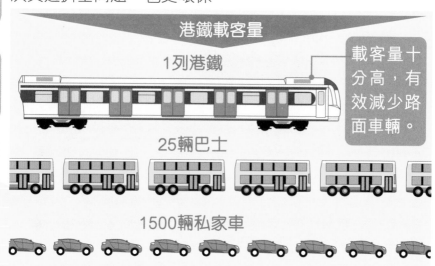

港鐵載客量

1列港鐵

載客量十分高，有效減少路面車輛。

25輛巴士

1500輛私家車

列車電氣化後，不會像路面車輛那樣排出廢氣，能減少空氣污染。

有了鐵路網絡，穿梭都市也更方便。

─< 鐵路在香港 >─

早期的香港鐵路是為了連接城市（九龍）與鄉郊（新界），也是為了連繫中港兩地，後來漸發展成重要的集體運輸工具。而港鐵通車的地方能吸引更多投資者和消費者，刺激當區經濟，但也造成一些小店難以負擔租金而消失、使社區面貌改變等問題。

巴士

鐵路

船

飛機

～～～ 小 知 識 ～～～

與鐵路相關的俚語

train wreck 火車事故

＝這個人/這件事「糟透了」

例 He looks like a train wreck.
（他看起來糟透了。）

lose track of time 失去時間的軌道

＝忘記時間

例 Every time Mary walks into a toy store, she loses track of time.
（每次瑪莉走進玩具店，她就會忘記時間。）

鐵路的創作

鐵路作為新時代的產物，也為作家、藝術家們帶來豐富的靈感。

小說作品

大偵探福爾摩斯系列

火車經常出現在各個篇章，例如在《逃獄大追捕》中，逃獄犯馬奇為趕上火車，不惜暴露了自己的行蹤；在《智救李大猩》中，福爾摩斯憑着機智將受傷的李大猩從鎖上的火車車廂裏救出來；還有以火車劫案為題的《驚天大劫案》。

驚天大劫案

故事一開始，李大猩與狐格森即在火車上和一幫強盜駁火。三個月後，福爾摩斯接到委託，於是暗中調查神秘消失的同盟會，卻發現同盟會與三個月前的火車大劫案有關。

作者：厲河｜匯識教育有限公司

東方快車謀殺案

　　這是有「偵探小說女王」之稱的英國作家阿嘉莎·克莉絲蒂的作品。在豪華的東方快車上，乘客雷契特在處於密室狀態的車廂裏被刺死，名偵探白羅展開調查，竟發現同一車廂中的12個乘客都有犯案嫌疑。

作者：阿嘉莎•克莉絲蒂｜遠流出版事業股份有限公司

東方快車是奢華列車的代表。它於1883年投入服務，主要行駛巴黎（歐洲）至伊斯坦堡（近東）。

巴士

鐵路

船

飛機

電影作品

東方快車謀殺案（電影版）

　　同名小說分別於1974年和2017年改編成電影。

▶圖為劇中車廂的場景。

火車進站

　　這是電影史上首部公開放映的電影，全片僅長50秒，拍攝了一輛火車開進車站時的情景。

✳ 藝術作品 ✳

聖拉扎爾火車站

莫奈透過捕捉蒸汽煙霧，畫下19世紀晚期火車站獨有的氛圍。

三等車廂

杜米埃通過速寫完成的油畫，寫實地把三等車廂內擠擁鬱悶的狀況畫下來。

火車站

威廉·弗里思在畫中呈現火車站內的人生百態。首次在倫敦展出時，吸引成千上萬的人們前往觀賞。

✳ 各樣周邊商品 ✳

不少與鐵路相關的紀念品和模型都製作精美，具備收藏價值。

金屬
列車模型

Plarail
鐵道模型

巴士

鐵路

船

飛機

湯馬仕小火車

這是一個英國的兒童電視節目系列，講述「索多島」上各樣火車及陸路運輸工具的冒險經歷。

銀河鐵道999

這是一部日本家傳戶曉的動漫作品，主角搭上銀河鐵道999，遨遊宇宙各個星球。

◀模仿銀河鐵道999的蒸汽火車，於1999年在日本品川站展出。

大雄與銀河超特急列車

多啦A夢與大雄乘坐未來世界的銀河超特急穿梭宇宙，並抵達宇宙主題公園。

原作：藤子·F·不二雄｜香港青文出版社有限公司

金田一少年之事件簿 魔術列車殺人事件

在這個篇章，金田一首度與宿敵「地獄傀儡師」交鋒。屍體在列車上轉眼間消失，卻又再度出現在車站旅館的房間裏，就如玩魔術般。

原作：天樹征丸／金成陽三郎｜漫畫：佐藤文也｜東立出版社

巴士

鐵路

船

飛機

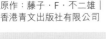

地鐵紀念車票

不經不覺，便談了這麼久。

糟糕，要誤點了！我要走了。

哈，我最快到達目的地。

船

SHIP

福 SHERLOCK HOLMES 仔 ○ 221B

香港船隻

香港雖為彈丸之地，卻是全球主要海運樞紐，船隻種類繁多，可按性質、航線等分類。

我喜歡巴士，可以邊享受冷氣邊看風景。

我喜歡鐵路，因為夠快速。

我喜歡船，在船上眺望大海感覺很舒服！

巴士

鐵路

船

飛機

香港主要船隻

⚓ 渡輪

泛指在固定航線上運載乘客的商船，偶爾也會運送車輛或貨物。香港的渡輪主要分為來往市區的港內線及前往離島的港外線。

性質	船公司	航線
港內線	天星小輪	中環⇄尖沙咀
		灣仔⇄尖沙咀
	油麻地小輪 (香港小輪)	北角⇄觀塘
	新渡輪	北角⇄紅磡
		北角⇄九龍城
港外線	港九小輪	中環⇄南丫島 (榕樹灣 / 索罟灣)
		中環⇄坪洲
	新渡輪	中環⇄長洲
		中環⇄梅窩
	翠華船務	香港仔⇄南丫島 (榕樹灣)
		香港仔 / 赤柱⇄蒲台島

*部分次熱門航線從略。

 # 天星小輪

維港上的主要交通

中環⇄尖沙咀
歷史：始於1880年，當時由九龍渡海小輪公司（天星小輪前身）經營。
航程：1.3公里

灣仔⇄尖沙咀
航程：1.85公里

天星維港遊
(日間/ 夜間/
幻彩詠香江)
船名：
輝星號
航線：
圍繞維港一圈
航程：
60分鐘

巴士

鐵路

船

飛機

▼船隻屬雙頭設計，座椅椅背可左右移動調校方向。

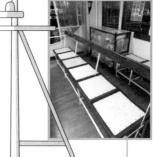

上層頭尾設空調

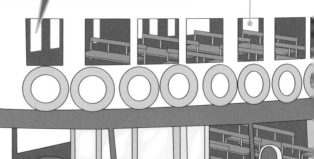

星 TWINKLING STAR 熒   A296

創立年份：1898年 — 歷史最悠久渡輪

初期推動：蒸汽　　　　　現今推動：柴油

船型：雙頭船（下層前後均設駕駛室及推進器）

船名：以「星」字命名　長度：34米　載客量：547人

航速：每小時14.8公里（8海浬）

榮譽：曾入選《國家地理旅遊
　　　雜誌》「人生五十個
　　　必到景點」

四星煙囪

船身顏色
上白下綠

A2961

巴士

鐵路

船

飛機

▶船艙備
救生衣

鳴謝：天星小輪資料及相片提供

87

▶ 駕駛室裏的船舵、俥鐘（控制船隻速度）及各種儀器。

巴士

鐵路

船

飛機

除了渡輪，香港也有載客的小船「街渡」啊！

甚麼是街渡？

▶ 那是為一般渡輪未能到達的偏遠小島或村落而設的短途持牌小船，例如西貢往返半月灣。

妙趣論船

▷◁ 為何船能浮在水面？ ▷◁

　根據「阿基米德浮體原理」，船在水上的浮力，等於船排出的水的重量，只要船的排水量夠多便可，加上船的內部是中空，密度比水低，所以能浮在水上。

船員介紹

一艘渡輪基本需要一名船長、一名副船長、四名水手及一名大偈（輪機長）才能正常運作的啊！

掌舵人
船長

工作範圍

- 翻閱航行日誌及值班表（確定有足夠人手）
- 檢查駕駛室儀器
- 檢查船隻外殼有否損毀
- 查看船頭尺的吃水*深度

*指船隻沉入水下的部分。

船隻齒輪
水手

工作範圍

- 起放吊板
- 清潔船艙
- 拉纜
- 協助乘客上下船

工作範圍

- 檢查、維修及保養船艙機件及機電設備
- 確認有足夠燃料
- 記錄航行參數
- 定期測試緊急設備

航行靈魂
大偈
（輪機長）

⊕ 油麻地小輪 　危險品車輛渡輪

歷史：創於1924年，曾辦多條港內航線，現隸屬香港
　　　小輪旗下，現時經營全港唯一危險品車輛渡輪航
　　　線。

航線：北角⇄觀塘、
　　　北角／觀塘⇄梅窩（班次視乎需求而定）

乘客：除司機及跟車工人外，不可接載其他乘客。

航程：（北角⇄觀塘）3公里、
　　　（觀塘⇄梅窩）25公里、
　　　（北角⇄梅窩）22公里

船名：以「民」字命名

▼雙層汽車渡輪

妙 趣 論 船

▷ 有關「船」的成語／諺語 ◁

移船就磡：
指移動小船靠岸，比喻改變原來主張就範。

船到橋頭自然直：
意指一切順其自然，事情到最後總有解決辦法。

巴士

鐵路

船

飛機

新渡輪 港內 + 離島航線

歷史：新世界第一渡輪服務有限公司

啟航：2000年

航線：港內線及離島線共5條：
　　　北角⇄紅磡、北角⇄九龍城、
　　　中環⇄長洲、中環⇄梅窩、
　　　橫水渡（來往長洲、坪洲、梅窩、芝麻灣）

船型：三層及兩層普通船（可載貨及寵物）、高速船

船名：以「新」字命名　　長度：27～65米

載客量：231～1418人　　航速：最高每小時26海浬

特別設備：部分船隻設哺乳室、免費流動裝置充電
　　　　　服務、飲品及小食販賣機。

▼三層普通船

巴士

鐵路

船

飛機

知多一點點

- 期間限定航線：來往北角至大廟灣，只在每年農曆三月廿二及廿三日天后誕期間提供服務。
- 三層及兩層普通船屬本港製造，高速船則製於新加坡及中國。

港九小輪　離島航線

創立年份：1998年

航線：中環⇄榕樹灣、中環⇄索罟灣、中環⇄坪洲、
　　　坪洲⇄喜靈洲

船型：高速單體、高速雙體、對流式單體

船名：以「海」字命名　　長度：18～28.5米

載客量：170～410人

航速：最高每小時
　　　15～24海浬

▼高速雙體船

知多一點點

- 港九小輪成立初期由多間船務公司及船廠
組成，而當中的財利船廠正是港九小輪所
有船隻的生產商，百分百香港製造。

甚麼是單體和雙體船？

　　單體指傳統船隻，船身沉在水裏部分較多，遇上風浪時可保持穩定性；雙體船則指兩個瘦長船體連在一起，以甲板和上層相連，船身輕巧，船頭較尖，有助高速航行，但因沉在水裏部分較少，若遇風浪會較搖晃。

巴士

鐵路

船

飛機

 **觀光船**　維港是遊客必到主要景點，除了在海岸觀賞，也可乘觀光船暢遊。

鴨靈號　中式古董帆船

歷史：1955年於澳門製造，前身為中式漁船，後改裝為觀光船，2015年啟航。因外形像鴨子，故取名「鴨靈號」。

船型：三帆中式帆船

航線：維港觀光遊（日間／日落／幻彩詠香江／晚間航班）、文化體驗遊（筲箕灣）

長度：18米　　　　　　　　載客量：約30人

航速：每小時4～7.5海浬

駕駛艙

知多一點點

- 鴨靈號以高質厚木製造，有別於一般使用纖維物料，船身較重及沉穩。
- 漁船駕駛艙多設於船尾，而非一般船位於船頭，以方便騰出更多空間作業。

洋紫荊維港遊 邊吃邊遊維港

背景：隸屬香港小輪旗下，共設4艘船，亦兼作危險品
　　　汽車渡輪。

船型：由汽車渡輪改裝。

航線：北角碼頭為起迄點，途經太古、筲箕灣、柴灣、
　　　鯉魚門、茶果嶺、啟德、紅磡、尖沙咀、灣仔及
　　　銅鑼灣。

船名：以「民」字命名　長度：64米
載客量：400～500人　航程：2小時

• 觀光遊附設自助晚餐、樂隊表演。

妙趣論船

▷ Vessel、Boat、Ship、Ferry之分 ◁

Vessel是所有船隻統稱，Boat指中小型船隻，例如
Fishing boat（漁船），Ship則指中大型船隻，航程較
遠，例如Cargo ship（貨船），Ferry是渡輪，載客或
貨由一邊岸沿指定航線運到另一邊。

除了大型的維港觀光船，也有離島觀光小船的啊！

大澳小艇遊　暢遊水鄉小船

創立：2002年　　**船型**：電動舢舨
航線：環繞大澳水鄉一圈，沿途可見水上
　　　　棚屋，並有機會觀賞中華白海豚。
載客量：12～20人　　**航程**：20分鐘

知多一點點

- 舢舨原稱「三板」，意指由三塊木板組成的小船，昔日以搖櫓在河上行走，隨時代變遷，已改由玻璃纖維製造，並以摩打行駛。
- 舢舨航行速度慢，船速每小時約3至5海浬，只適合短途航行。
- 現時，香港只有大澳、南丫島、香港仔、西貢等遊客較多的地區仍提供舢舨觀光服務。

妙趣論船

▷　與舢舨有關的廣東俗語　◁

舢舨充炮艇：意指以廉價貨充當上等貨，有裝腔作勢，虛有其表之意。

跨境渡輪

指往來香港與中國內地的渡輪，包括澳門、珠海、蛇口、中山、南沙等地，當中以澳門航線最具人氣，班次最頻密。

噴射飛航　全日無休

創立年份：1999年

航線：往來香港及中國內地共9條：
　　　香港⇄澳門（外港及氹仔）、九龍⇄澳門（外港及氹仔）、屯門⇄澳門（外港及氹仔）、香港國際機場⇄澳門、澳門⇄蛇口、澳門⇄深圳機場

推動：柴油

船型：單體水翼船、雙體水翼船、雙體船、三體船

長度：24.44～47.5米　　載客量：190～418人

航速：每小時35～52海浬

生產地：美國、英國、新加坡、挪威、澳洲

特點：全球唯一提供24小時跨境渡輪服務。

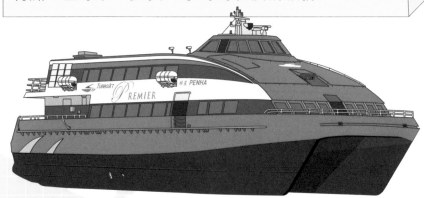

▲Foilcat雙體噴射水翼船，於挪威建造，長35米，最高航速每小時50海浬。

知多一點點

半浸式

- 水翼船是指船底裝有支架的高速船，利用流體力學產生升動力的原理，當船速增加，支架會將船身撐離水面，從而減少水阻，也可減輕燃料消耗。

全浸式

- 水翼船分全浸式及半浸式兩種，半浸式支架呈U形，兩端會露在水面；新式船多採用全浸式的T形支架，受海浪影響較少，行駛時較穩定。

🛟 金光飛航 由氹仔踏足澳門

創立年份：2007年

航線：香港 / 九龍 / 香港機場⇄澳門氹仔

船型：澳洲Austal高速雙體船

船名：以酒店、景點、商場等命名

長度：47.5米　　載客量：413人　　航速：每小時42海浬

特點：14艘船中的4艘裝有T-Foil及T-Max穩定系統，可減低暈眩感。

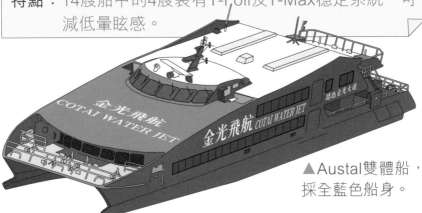

▲Austal雙體船，採全藍色船身。

巴士

鐵路

船

飛機

97

郵輪 　原指兼任郵件運送的客輪，與僅屬休閒船的「遊輪」不盡相同，而且郵輪的航距更遠，航速更高。後來「郵輪」已泛指航海客運船隻，與「遊輪」通用。郵輪屬娛樂客輪，提供多種娛樂設施，航行路線有長有短，部分可上岸觀光。

巴士

鐵路

船

飛機

麗星郵輪 　暢遊亞太區

創立年份：1993年，2012年雙子星號啟航。

航線：以亞太區為主，包括香港（一晚）、日本、
　　　南韓、台北。

船名：雙子星號、雙魚星號、寶瓶星號、大班號

排水量：3370～5萬噸　　長度：85.5～229.84米

甲板：3～12層　　　　　載客量：64～1530人

航速：每小時12.5～18海浬

▼雙魚星號

● 麗星郵輪主要停泊於尖沙咀海運碼頭，碼頭全長381米，寬58米，連天台樓高5層，連接停車場及大型商場，可停泊兩艘排水量5萬噸的郵輪。

星夢郵輪　海中巨無霸

創立年份：2015年

航線（香港出發）：廣州南沙、日本、菲律賓、越南

船名：雲頂夢號、世界夢號、探索夢號

排水量：7萬5千～15萬噸　　長度：268～335米

甲板：13～18層　　　　　載客量：1856～3376人

航速：每小時24海浬　　　生產地：德國

▼世界夢號

知多一點點

- 星夢郵輪的香港登船地點位於九龍城啟德郵輪碼頭，即舊啟德機場跑道，2013年啟用，全長850米，寬35米，樓高3層，可停泊兩艘排水量11萬噸郵輪，可容納的船體積比海運碼頭大。

▶碼頭頂層設空中花園及觀景台，是周末消閒好去處。

原來單是香港已有那麼多種類船隻。

到底最早的船是怎樣的呢？

船的誕生及演變

巴士

鐵路

船

飛機

⚓ 木舟

早在公元前6000年，人類已開展水上活動。最初只是依靠浮木漂流，但因易翻滾及不能站在上面，便想到將多根木條捆在一起，不僅更具浮力，也可載人載貨。也有人將木頭挖空製成獨木舟，可坐於其中，形成船的雛型。

⚓ 帆船

至公元前約3100年，古埃及出現第一艘單桅帆船，帆為長方形，依靠順風推動船隻。至公元前約500年，阿拉伯人發明了三角帆，逆風時也可行駛。

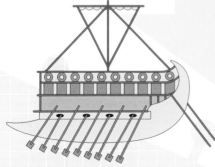

⚓ 槳帆船

出現在公元前1000年前後，是在帆船的基礎上加上船槳，以人力及風力推動船隻，當時被腓尼基人、希臘人、羅馬人等作戰船之用。

⊛ 蒸汽船

　　1807年，美國工程師羅伯特·富爾頓製造了第一艘可於水上航行的蒸汽輪船，長43米，航速每小時4.7英里，以蒸汽發動機帶動明輪旋轉，向前推動。後來明輪演變成螺旋槳，成為船舶主要推進工具。現今的船雖然已沒有輪，「輪船」一詞仍沿用至今。

巴士

鐵路

船

飛機

⊛ 近代船

　　隨着航海需求愈趨龐大，船舶也向大型及高速發展，製船材料也從木頭進化至耐用的鋼鐵或玻璃纖維，動力也由蒸汽渦輪演變至柴油引擎，燃料消耗較少，而船隻也按用途設計成不同形狀。

歷史上的重要船隻

船隻的出現已成生活中不可或缺的交通工具，不僅這樣，它在歷史上也曾擔當重要角色呢！

鄭和寶船

簡介：1405年，明成祖派遣親信鄭和**七次南下西洋**，穿越南海、馬六甲海峽，橫跨印度洋，最後抵達非洲東海岸，28年間到訪西太平洋、印度洋三十多個國家，打通了中國與亞非的海上交通。

船隊：堪稱史上最具規模，共有二百多艘，當中以鄭和乘坐的寶船最大，長152米，高8層，可載千人，9支桅杆可掛12幅帆以提升速度。

巴士

鐵路

船

飛機

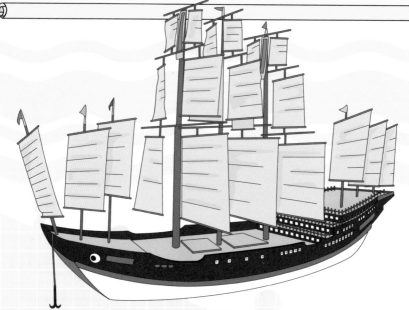

哥倫布探險船

簡介：意大利知名航海家哥倫布發揮冒險精神，於1492年帶着87名船員由西班牙出發，花了近十年時間展開東方探索之旅，目的地是印度和中國，卻意外地**發現美洲新大陸**，開闢從未被人發現的新島嶼及新航線。

船隊：當時僅得3艘帆船，包括聖瑪利亞號、平塔號和尼雅號。主艦聖瑪利亞號出航首年即遇風暴沉沒，只剩餘下兩艘繼續航行。

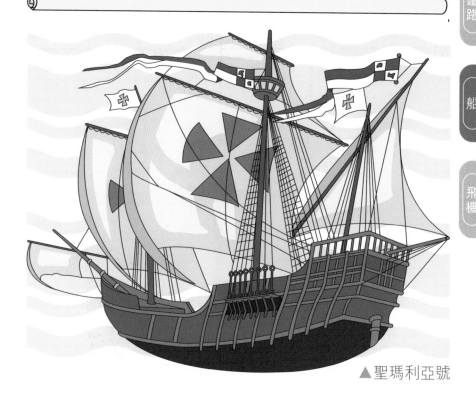

▲聖瑪利亞號

五月花號

巴士

鐵路

船

飛機

簡介：1620年，一批**清教徒**因不堪受英國國教逼害，毅然從英格蘭乘「五月花號」離開，經過66日漂泊，來到北美洲普利茅斯落地生根，為美國早期史寫下重要一章。這些新移民因報答當地印第安人的協助，也成為**感恩節的起源**。

船隊：五月花號為一艘英國的三桅帆船，本為貨船，長約27米，排水量180噸，設四層，載有102名乘客及35名船員。

麥哲倫探險船

簡介：麥哲倫於1519年展開**環球航行**，由西班牙向
西南面出發，穿越大西洋，進入萬聖海峽
（後稱麥哲倫海峽），橫渡太平洋。雖然
1521年麥哲倫死於菲律賓，但餘下的船員於
1522年向西返回西班牙，完成環球之旅。此
壯舉不但證明**地球是圓**，也發現**地球大部分
面積為海洋**。

船隊：共有5艘船，主船為卡拉維爾帆船「特立
尼達號」，其餘為克拉克帆船「聖安東尼
奧號」（最重，120噸）、「康塞普西翁
號」、「維多利亞號」和「聖地亞哥號」
（最輕，75噸），最後只剩維多利亞號完成
環球航程。

巴士

鐵路

船

飛機

▲維多利亞號

香港船隻發展

巴士

鐵路

船

飛機

開埠初期
香港1841年開埠，當時水上交通以帆船、舢舨及嘩啦嘩啦為主。

嘩啦嘩啦
以引擎發動的電船，故亦名「電船仔」，因引擎聲或機械裝置聲而被稱作「嘩啦嘩啦」。主要穿梭維港兩岸，或接載水手往返停泊船隻。

1870年代
香港從英格蘭引入第一艘蒸汽船，經營來往尖沙咀及中環航線。

時間軸：1850 1860 1870 1880 1890 1900 1910 1920 1930 1940 1950 1960 1970 1980

1880年代
1880年，九龍渡海小輪公司成立，接管尖沙咀往來中環航線，初期以蒸汽船行駛。然而小輪的服務時間以外，仍有舢舨及嘩啦嘩啦於深宵或凌晨在海上接載工人和夜歸人，被稱為「水上的士」。

1930年代
天星小輪於1933年引入第一艘柴油內燃機輪船，取代蒸汽船。

1970年代
1972年紅磡海底隧道通車，讓市民可從陸路過海，水上的士逐漸被淘汰，只剩渡輪至今仍運作。

香港還有造船廠？
香港自開埠便成為國際自由港，船隻需求量大，造船業正是香港首個工業，當時以黃埔和鰂魚涌為主要船塢據點。隨時代變遷，造船業漸次式微，造船廠亦要西移，現時全港約剩60間造船廠，大部分以維修為主，只有一兩間仍在造船。

香港海事博物館

認|識|航|運|歷|史

2005年於赤柱美利樓開幕，2013遷至中環八號碼頭，佔地4400平方米，樓高3層，設十多個展廳介紹香港、中國及世界航海歷史，展品達1200件。

有關香港的港口歷史集中於B層，除了有各種模型、圖片、互動屏幕，也設觀港廳，憑大片落地玻璃眺望維港船隻。

▶設船舶自動識別系統，點擊屏幕上紅點，可查閱正在維港上游弋的船隻資料。

觀港廳

▲橫瀾燈塔是昔日為來港商船輔航的訊號燈，每30秒閃兩次。

▶各種大型航艦模型造工精細，參觀者可透過屏幕介紹加深認識。

◀C層展出的耆英號是中國商用帆船，1846年由香港出發，經美國紐約後再抵英國，創下中國帆船最遠航海紀錄。

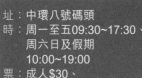

址：中環八號碼頭
時：周一至五09:30~17:30、
　　周六日及假期
　　10:00~19:00
票：成人$30、
　　18歲或以下小童$15

◀一般高速渡輪應該具備甚麼條件？大家不妨以船體、燃料、引擎三個元素，設計個人化高速船吧！

巴士

鐵路

船

飛機

顧國敏船舶模擬駕駛室

博物館A層設模擬駕駛室，以真實船艙為藍本，設有各種精密電子儀器，參加者透過模擬駕駛，體驗舵手工作。船長會設定不同天氣，讓參加者感受幻變的海上情況。

巴士

鐵路

船

飛機

錨、聲號控制器

計程儀、測深儀

羅盤

變動螺旋槳操作

船舵

舵控制器

綜合訊息顯示板

側推控制器

船舶加速器

主機控制器

▲雖然只是操作船舵控制方向，但船長仍會從旁輔助。

模擬駕駛室

開：周六日及公眾假期開放予公眾人士。

時：14:00、14:45、15:30、16:15，每節30分鐘。

註：憑免費籌號參加，每日13:00開始於接待處派發，每節限15人。

衛星通訊設備　航海燈　對講機

雷達控制器　　雷達

電子海圖　纜控制器　船用電話　望遠鏡

拖輪控制器　　望遠鏡控制器

香港特色船形建築

⚓ 黃埔號

黃埔船塢是香港昔日最具規模船塢之一，經歷時代變遷，原址已被發展成住宅區「黃埔花園」。地產商在此興建長90米的船形商場「黃埔號」，不僅成為區內獨特地標，也別具意義。

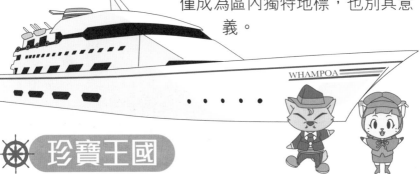

巴士

鐵路

船

飛機

⚓ 珍寶王國

位於香港仔黃竹坑，這種船形海上食肆盛行於50年代。珍寶王國由兩艘並排的太白海鮮舫及珍寶海鮮舫組成，前者建於1950年，最初為小型木艇，其後不斷加長及增加層數，現長46米；珍寶海鮮舫於1976年落成，長76米，裝潢帶中式宮廷氣派，不僅被譽為「世界上最大海上食府」，也是不少中外電影拍攝地，可惜的是，珍寶王國已於2020年3月停業。

有關船的電影

⎈ 鐵達尼號 (Titanic)

　　1997年上映的美國災難電影，以豪華郵輪鐵達尼號沉沒事件改編。電影中的鐵達尼號模型按1：1比例建造，場景及道具也接近百分百真實呈現出來。該電影上映以來獲得多個電影殊榮。

巴士

鐵達尼號背景

鐵路

　　這艘號稱「永不沉沒」的英國郵輪於1912年首航，由南安普敦出發，目的地為美國紐約港。郵輪約長270米，設10層甲板，最多可載3547人。客房分頭等、二等和三等，配備

船

多項酒店級設施，及20艘救生艇。郵輪駛至北大西洋時不幸撞上冰山，船頭開始沉沒，最終斷成兩截沉入海中，逾1500人喪生，約700人獲救。

飛機

我都想坐船，但我很易暈船浪呢！

治療暈船浪

有些方法可預防和紓緩暈船浪的啊！

預防
- 乘船前約一小時服用暈浪丸。
- 不宜空肚或過飽登船。

紓緩
- 選坐窗邊位置，望向窗外水平線遠景。
- 別看手機或書本，以免造成腦部訊息混亂。
- 吃酸味食物可紓緩嘔吐感。
- 吃梳打餅有助吸收胃部過多液體。

飛機
AEROPLANE

環球飛機

這裏好像很好玩，一起去吧！

要乘飛機嗎？感覺很恐怖啊！

飛機有這樣複雜的結構，才能在空中飛啊。

巴士

鐵路

船

飛機

◇ 起落架 ◇

飛機升降時會放下滑輪，緩衝降落時的衝擊力。

◇ 駕駛艙 ◇

飛機師控制整架飛機的地方。

◇ 客艙 ◇

大型客機可能有兩層，客艙下面是存放行李的地方。

擾流板

能增加阻力，以輔助飛機減速。

方向舵

用來控制機頭向左右偏航，及防止飛機在高速飛行時擺動。

垂直尾翼

用來保持飛機機身平衡，修正飛機的飛行方向。

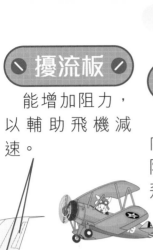

升降舵

用來調整機身上揚或下傾角度。

發動機

產生拉力或推力使飛機運行。

襟翼

能為飛機增加升力，常用於低速飛行和降落。

副翼

通常兩側的副翼會呈相反方向運動，藉調整一側的升力來控制機身傾斜。

巴士

鐵路

船

飛機

113

咦？這架飛機很有趣啊！

飛機也有不同種類的。

常見的飛機種類

飛機可根據其發動機類型，分為固定翼和旋翼兩種。

固定翼飛機

又可以主翼的數量分為單翼和複翼，單翼機有一般常見的民航機，複翼機則常見於小型飛機。剛發明飛機時，複翼機比單翼機受歡迎，可是隨着飛機設計的改良，單翼機漸漸成了飛行工具的主流。

複翼機因機翼面積比單翼機大，所以在低速飛行時能產生的升力亦較大，在飛行技術未成熟時，這設計能更易飛起來。

▲基本上民航機都屬於單翼機。

▶複翼機當中以雙翼最常見。

114

旋翼飛機

最為人熟悉的就是直升機，它是用水平旋轉的旋翼來飛行，能做到垂直升降、懸停、前後移動等，所以多用於救援或偵察上。

◀因直升機能垂直升降，所以不需要跑道。停機坪上的「H」字是直升機的英文「Helicopter」的首個字母。

萊特兄弟

他們被譽為現代飛機的發明者。在1903年12月17日，他們駕駛自行製作的飛行者一號，飛行了12秒共36.5米。

空勤人員

飛行員 Pilot

- 主要有機長（Captain）和副機長（First Officer）
- 飛機內的總指揮
- 擁有最終決策權

機場

航空交通指揮塔

監察風向及跑道使用狀況，對航班發出可起飛和降落的許可。適時通知飛行員天氣資訊，確保航班安全及機場運作暢順。

風向與航空安全

逆風能為飛機增加升力，所以有助起飛。但側風則有機會令飛機偏離航線，甚至造成意外。

逆風

側風

飛行工程師 Flight Engineer

- 有時候會稱為二副機長
- 負責監察飛機內所有儀器
- 新型號飛機由自動化電腦取代

空中服務員 Flight Attendant

- 最常接觸乘客的職位，負責維持機艙秩序及飛行安全

香港國際機場

第3跑道（興建中）

第2跑道

第1跑道

巴士

鐵路

船

飛機

❖❖ 客運大樓 ❖❖

辦理登機手續、出入境和候機的地方。一般旅客只會在客運大樓內活動，所以設計着重便利和將旅客分流。

載客飛機的發展過程

　　人們首次乘上飛行工具，在空中暢遊已是百多年前的事，隨着飛機的發展，它的載客量亦愈來愈多，飛行距離也更遠了！

巴士

鐵路

船

飛機

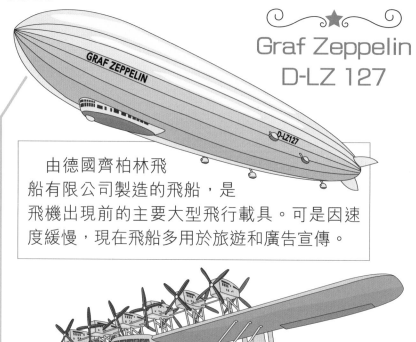

Graf Zeppelin D-LZ 127

GRAF ZEPPELIN

D-LZ127

　　由德國齊柏林飛船有限公司製造的飛船，是飛機出現前的主要大型飛行載具。可是因速度緩慢，現在飛船多用於旅遊和廣告宣傳。

Dornier Do X

　　德國多尼爾公司製造的飛行艇，可以降落在水上。其航行速度為每小時190公里，曾接載150名乘客橫越大西洋，是當時的一大創舉！

1928　　　　　　1929

★ 波音247

　　美國波音公司製造的載客飛機，有10個座位，航行速度為每小時304公里。雖然在設計及技術上突破以往，但因載客量少，難以在商業上普及。

★ 道格拉斯 DC-3

　　美國道格拉斯公司研發的客機，能接載24位乘客，航行速度為每小時266公里。因它在中途加油後就能橫越美國東西岸，開創了更多航空旅行的路線。

巴士

鐵路

船

飛機

1933　　　　　　　　　　　　　　1936

★ 波音307

　　由波音公司製造，能乘載33名乘客，航行速度為每小時352公里。它是第一架擁有加壓艙的飛機，令飛行高度能到達6000米。

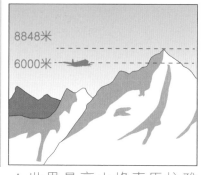

▲世界最高山峰喜馬拉雅山的聖母峰為8848米，當時的飛機仍未能超越此高度。

★ 道格拉斯 DC-4

　　道格拉斯公司以高載客量為目標研發的飛機，最多能容納86人，但一般情況下會減少座位以增加航行距離。

巴士

鐵路

船

飛機

1940　　　　　1942　　　　　1943

飛機與第二次世界大戰

在1939年爆發第二次世界大戰後，大型飛機被用作運送軍用物資及士兵，小型飛機則負責偵察、戰鬥及支援任務。各國也投放很多資源在研發更快、運載量更多的飛機。戰後，軍用飛機經改裝後成為民用飛機，大大促進了航空發展。

巴士

鐵路

船

飛機

★ 洛克希德星座

AVIANCA · COLOMBIA

美國洛克希德公司製造的飛機，擁有標誌性的三片垂直尾翼，其航行速度能達至每小時547公里。

★ 道格拉斯 DC-6

WESTERN

因採用了新型的引擎，令其續航能力大為改善，甚至能由美國東岸飛至歐洲，從此開始了橫越大西洋的觀光飛行。

1947

德 · 哈維蘭「彗星」

由英國的德哈維蘭公司製造的 DH106「彗星」是第一架用於商業上的噴射式客機，令飛行過程較以往平穩和安靜。

巴士

鐵路

船

飛機

★ 波音707

這年代大型客機的外形與配備跟現在已相差不遠，普遍能乘載過百名旅客，而且最高飛行速度亦達到每小時一千公里。

Plane 和 Aeroplane

飛機的英文 aeroplane 也能寫作 plane，那麼「aero」是沒有意思的嗎？

其實「aero」是前綴詞，有「空中的、航空的」的意思。

Aerobatics（名詞）特技飛行

Aerodrome（名詞）飛行場

1953

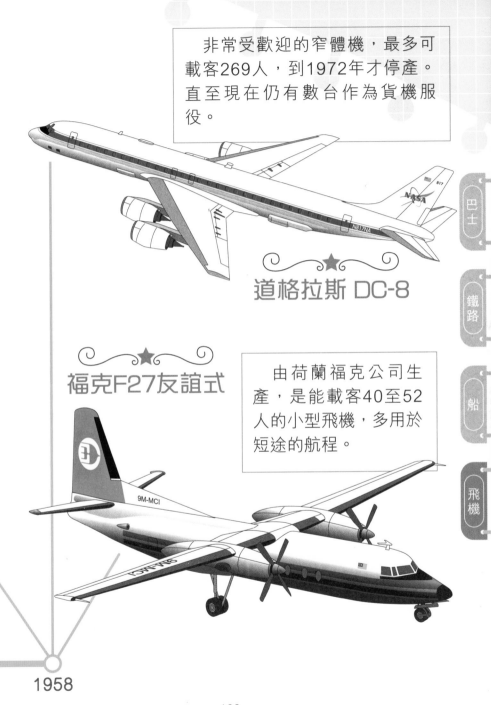

非常受歡迎的窄體機，最多可載客269人，到1972年才停產。直至現在仍有數台作為貨機服役。

★
道格拉斯 DC-8

★
福克F27友誼式

由荷蘭福克公司生產，是能載客40至52人的小型飛機，多用於短途的航程。

巴士

鐵路

船

飛機

1958

康維爾880

　　美國康維爾公司製造的窄身飛機，被譽為是當時最快的客機。亦是國泰航空公司在1960年代初引進香港的首款噴射客機。

波音727

　　其特色為尾翼的T形及集中在機尾的三引擎設計，因其機身不大，所以多負責中短距離航線。最後一架用於載客的波音727在2019年1月退役。

巴士

鐵路

船

飛機

1960

1964

波音747

它是全球首款廣體民航機,最高載客量可達581人,因其體積大、性能高,多年來一直深受航空公司歡迎。到近年才開始慢慢淡出客運市場,由更新型號的客機取代。

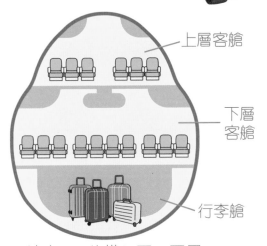

上層客艙

下層客艙

行李艙

▲波音747的橫切面,下層能放置三排座位令載客量大大提升。

巴士

鐵路

船

飛機

為甚麼飛機餐不好吃?

與地面相比,飛機內的氣壓和濕度低,而且環境嘈吵,都會影響嗅覺與味覺,令我們對甜味和鹹味的敏感度變差,所以不是食物難吃,而是我們吃不出味道而已。

1969

★ 麥道DC-10

美國的道格拉斯公司和麥克唐納公司合併後研發的廣體客機,三台發動機分別位於左右主翼及垂直尾翼。波音747性能優秀,對機場的要求也較高。與之相比,DC-10雖然載客量較少,但航程相近,而且能在小機場升降。

奧比斯眼科飛機醫院的第二代及第三代飛機均由此型號改裝而成,機上有視聽室、教室及手術室,會到世界各地進行醫療及手術工作。

◀圖中為眼科飛機醫院第二代眼科飛機,攝於香港啟德機場。

1971

1974

★ 空中巴士A300

　　歐洲空中巴士公司製造的中短程客機，亦是首架只有雙發動機的廣體客機，因最多能接載300名乘客，所以命名為A300。

★ 波音767

　　它比波音747略小，主要負責中長距離航程。因安裝了自動化操作系統，駕駛人員得以由三人減至兩人，不須飛行工程師隨行。

1982

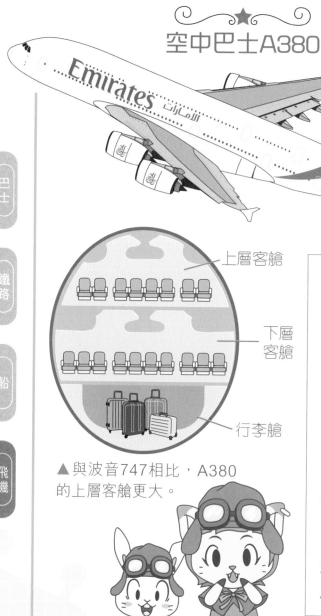

空中巴士A380

上層客艙

下層客艙

行李艙

▲ 與波音747相比，A380的上層客艙更大。

載客量比波音747更多的雙層廣體客機，最高可達893名乘客。但由於市場改變，航空業界傾向以較小型的客機去減低成本，所以它在完成所有訂單後，預計於2021年就會停產。

巴士

鐵路

船

飛機

2007

飛機 如何 抵擋雷擊？

　　飛機平均飛行數萬小時，就有可能遭到一次雷擊，所以有多個方法能保護飛機及乘客的安全。

⚊ 避開雷雨區，雷電除了有機會破壞機身，也有可能令機上儀器失靈，所以最好方法當然是避開它了。

⚋ 金屬網，飛機機殼內有一層金屬網，它能將雷電停留在飛機表面，並平均分散到整架機身。

⚌ 靜電釋放器，機翼上安裝有釋放靜電的裝置，把部分靜電和雷擊釋放到空中，其餘的在降落後以接地導線釋放至地面。

靜電釋放器

★ 波音787夢幻客機

　　能航行長距離的中型廣體客機，機身使用了大量碳纖維複合材料，所以比以往鋁製的飛機輕，能提升效能及節省燃料。

巴士
鐵路
船
飛機

2011

難道萊特兄弟發明飛機前，人們都沒想過要飛上天空嗎？

當然有想過啊！

歷史上的有趣飛行工具

人類自古就有翱翔天際的願望，數千年來一直在製作玩具或實驗中，研究飛行原理。

薩卡拉木鳥

在埃及薩卡拉出土的小木鳥，約於公元前200年製造。它雙翼展平，而且尾部垂直，與一般鳥模型不同，所以有人認為它能飛，可是更多科學家相信它只是小孩的玩具。

黃金飛機

在南美哥倫比亞地區找到的黃金飾品，估計在公元1000年製成。這些小飾品僅有2至3吋大，但具備了飛行需要的三角形主翼、水平尾翼和垂直尾翼。

Photo Credit: "Precolombina cultura prc" by Santandergrl / CC BY-SA 4.0

達文西的直升機設計圖

博學多聞的達文西除了繪畫外，還留下了多份手稿，內容包括機械、人體構造、植物等，其中一張就畫了直升機。根據手稿重現的模型來看，雖然未能以人力升空，但對當時來説實為大膽的構想。

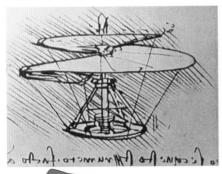

這些都只是模型和設計，接下來就是製成品了！

福爾摩斯年代的飛行工具——
熱氣球

福爾摩斯身處的十九世紀末，尚未發明飛機，要一嘗飛上天空的滋味，唯一可用的就是由比空氣輕的氣體或加熱空氣驅動的熱氣球了。

▲在1870年法普戰爭期間，法國人就利用熱氣球運送信件和傳遞訊息。

戰爭以外的戰鬥機——
特技飛行

固定翼飛機和直升機都能作特技飛行，可是由於動作劇烈，所以對飛機性能和飛行員都有很高要求。現在有部分特技飛行表演隊是由各國空軍組成，所以會用上戰鬥機。

▶機尾噴出彩煙不單為了好看，還能確認飛行路線，避免發生意外。

環保能源飛機──
陽光動力號Solar Impulse 2

瑞士開發的單翼飛機，機翼和機頂安裝了合共17,248個太陽能電池。在2015至2016年間，它飛了24天完成環繞地球一周的創舉。

Photo Credit："Solar Impulse SI2 pilote Bertrand Piccard Payerne November 2014" by Milko Vuille / CC BY-SA 4.0

◆◆ 第一次環球飛行 ◆◆

在1924年，美國空軍的四艘飛機從美國西雅圖出發，途中有兩艘飛機遇上意外離隊，餘下兩艘花了175日成功環繞地球一周。

好！明天就出發去旅行吧！

現在就去執拾行李吧！

策劃 / 厲河

編撰 / 《兒童的學習》編輯部

封面及內文設計 / 葉承志　　插圖 / 葉承志、陳沃龍

編輯 / 陳秉坤、黃淑儀、郭天寶、蘇慧怡

出版

匯識教育有限公司

香港柴灣祥利街9號祥利工業大廈2樓A室

承印

天虹印刷有限公司

香港九龍新蒲崗大有街26-28號3-4樓

發行

同德書報有限公司

九龍官塘大業街34號楊耀松（第五）工業大廈地下

電話：(852)3551 3388　　傳真：(852)3551 3300

第一次印刷發行

2020年6月
翻印必究

ISBN:978-988-79706-7-5

香港定價 HK$60

台灣定價 NT$270

想看《大偵探福爾摩斯》的最新消息或發表你的意見，請登入以下facebook專頁網址。
www.facebook.com/great.holmes

f 大偵探福爾摩斯

若發現本書缺頁或破損，請致電25158787與本社聯絡。

網上選購方便快捷　購滿$100郵費全免　詳情請登網址 www.rightman.net

1 追兇20年

福爾摩斯根據兇手留下的血字、煙灰和鞋印等蛛絲馬跡，智破空屋命案！

2 四個神秘的簽名

一張「四個簽名」的神秘字條，令福爾摩斯和華生陷於最兇險的境地！

3 肥鵝與藍寶石

失竊藍寶石竟與一隻肥鵝有關？福爾摩斯略施小計，讓盜寶賊無所遁形！

4 花斑帶奇案

花斑帶和口哨聲竟然都隱藏殺機？福爾摩斯深夜出動，力敵智能犯！

5 銀星神駒失蹤案

名駒失蹤，練馬師被殺，福爾摩斯找出兇手卻不能拘捕，原因何在？

6 乞丐與紳士

紳士離奇失蹤，乞丐涉嫌殺人，身份懸殊的兩人如何扯上關係？

7 六個拿破崙

狂徒破壞拿破崙塑像並引發命案，其目的何在？福爾摩斯深入調查，發現當中另有驚人秘密！

8 驚天大劫案

當鋪老闆誤墮神秘同盟會騙局，大偵探明查暗訪破解案中案！

9 密函失竊案

外國政要密函離奇失竊，神探捲入間諜血案旋渦，發現幕後原來另有「黑手」！

10 自行車怪客

美女被自行車怪客跟蹤，後來更在荒僻小徑上人間蒸發，福爾摩斯如何救人？

11 魂斷雷神橋

富豪妻子被殺，家庭教師受誣，大偵探破解謎團，卻墮入兇手設下的陷阱？

12 智救李大猩

李大猩和小兔子被擄，福爾摩斯如何營救？三個短篇各自各精彩！

13 吸血鬼之謎

古基發生離奇命案，女嬰頸上傷口引發吸血殭屍復活恐慌，真相究竟是……？

14 縱火犯與女巫

縱火犯作惡、女巫妖言惑眾、愛麗絲幼計慶生日，三個短篇大放異彩！

15 近視眼殺人兇手

大好青年死於教授書房，一副金絲眼鏡竟然暴露兇手神秘身份？

16 奪命的結晶

一個麵包、一堆數字、一杯咖啡，帶出三個案情峰迴路轉的短篇故事！

17 史上最強的女敵手

為了一張相片，怪盜羅蘋、美艷歌手和蓼西國王競相爭奪，箇中有何秘密？

18 逃獄大追捕

騙子馬奇逃獄，福爾摩斯識破其巧妙的越獄方法，並攀越雪山展開大追捕！

19 瀕死的大偵探

黑死病肆虐倫敦，大偵探也不幸染病，但病菌殺人的背後竟隱藏着可怕的內情。

20 西部大決鬥

黑幫橫行美國西部小鎮，七兄弟聯手對抗卻誤墮敵人陷阱，神秘槍客出手相助引發大決鬥！

21 蜜蜂謀殺案

蜜蜂集體斃命，死因何在？空中懸頭是魔術還是不祥預兆？兩宗奇案挑戰福爾摩斯推理極限！

22 連環失蹤大探案

退役軍人和私家偵探連環失蹤，福爾摩斯出手調查，揭開兩宗環環相扣的大失蹤之謎！

23 幽靈的哭泣

老富豪被殺，地上留下血字「phantom cry」（幽靈哭泣），究竟有何所指？

24 女明星謀殺案

英國著名女星連人帶車墮崖身亡，是交通意外還是血腥謀殺？美麗的佈景背後竟隱藏殺機！

25 指紋會說話

詞典失竊，原是線索的指紋卻成為破案的最大障礙！少年福爾摩斯更首度登場！

26 米字旗殺人事件

福爾摩斯被捲入M博士炸彈勒索案，為嚴懲奸黨，更被逼使出借刀殺人之計！

27 空中的悲劇

馬戲團接連發生飛人失手意外，三個疑兇逐一登場認罪，大偵探如何判別誰是兇手？

28 兇手的倒影

狐格森身陷囹圄？他殺了人？還是遭人陷害？福爾摩斯為救好友，智擒真兇！